An Awesome Atlas of House Building Solutions

住宅设计终极解剖书
日本建筑师的居住智慧

（日）黑崎 敏 著

钱 威 译

化学工业出版社

·北京·

1
PLANNING

住宅设计的基础

2
SPACE

打造私人的极致空间

3
ELEMENT

构成空间的要素

可见元素

感觉元素

4
DETAIL

追求完美的细部设计

门

照明

家具

楼梯

其他

5
MATERIAL

日新月异的建筑材料

6
SITE

营造绝佳的居住环境

7
URBAN

都市生活的居心地

1

PLANNING

住宅设计的基础

01

回游动线
为居住空间
带来节奏感

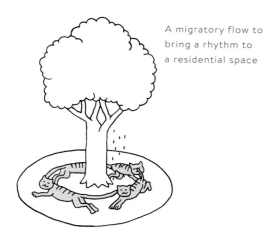

A migratory flow to
bring a rhythm to
a residential space

江户时代的日本出现了一种新式庭院，也就是所谓的"回游式庭院"。这种可以在行走中欣赏庭院造景的"回游式设计"，也常被用于住宅的内部空间设计中。居住者能够在一步步的行进中观赏整个居住空间，同一个房间能展现出许多不同的空间表情。就在视野逐渐展开之际，空间给人的感觉仿佛更为宽敞，这种方法也因此特别适合用在空间较小的住宅设计中。

回游式设计还有另一个特色：比起朝着单一方向展开的空间而言，更不容易产生封闭感。小孩子特别能够感受到这一点，会不知不觉循着回游的动线来回奔跑，因为这种动线不会给人压力，而且"回游"本身就为空间带来了开放性。

这种开放的特性，为居家生活注入了流动感和节奏感，有助于提高生活的效率。这也是回游式设计被频繁应用在家庭主妇最常用的"家事动线"中的原因。这条动线并不一定是一条走道，也可能利用某个类似房间的空间，甚至是直接贯穿建筑物的内外。设计师放弃了传统单调的走廊设计，取而代之的是宽度适中的连续式设计。如此大胆的设计，往往能创造出意料之外的景致。

意料之外的丰富空间

POINT 3
从客厅望向厨房。楼梯上方的自然光线与中庭的标志树令人不禁想踏上平缓的阶梯，到对面的空间一探究竟。

POINT 4
通过视线的回游，享受空间中各种不同的表情。

POINT 2
站在餐厅和厨房，视线可以穿越中庭看到客厅。通过空间的连贯、整合，自然呈现出回游式的动线，与传统的走廊动线有很大区别。

POINT 1
利用平缓的高低差制造空间变化，为居家生活营造舒适的节奏感。

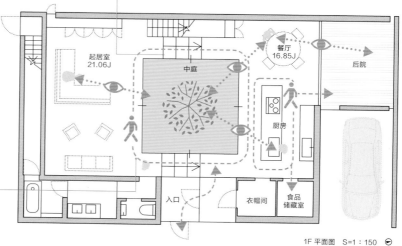

1F 平面图　S=1：150
（J= 榻榻米，1 榻榻米 ≈ 1.62 平方米）

内外融为一体

POINT 1
利用连续的落地窗作为隔断，不破坏空间中一气呵成的流动感。

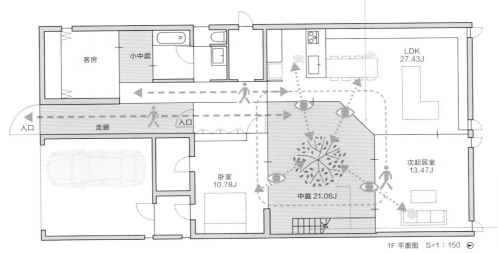

客房　小中庭

客厅
LDK 27.43J

入口　走廊　入口

卧室 10.78J

次起居室 13.47J

中庭 21.06J

1F 平面图　S=1：150

POINT 2
在回游式空间中，视线的焦点会自动落在中庭的标志树和楼梯上。

POINT 3
站在次起居室俯瞰中庭。利用具有节奏感的连续式落地窗和推拉门，创造出一气呵成的开放空间。

POINT 4
视线的焦点位置成了整条回游动线的中心点，将内外空间紧密联系在一起。

高度变化营造出空间的开放性

POINT 1
利用天花板和地板的水平延伸性，创造出空间中的流动性和节奏感，以及整体空间的开放性。

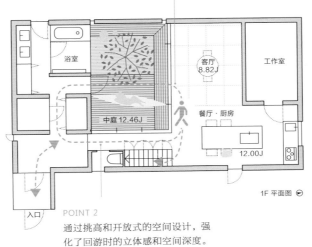

浴室

客厅 8.82J

工作室

中庭 12.46J

餐厅·厨房 12.00J

1F 平面图

入口

POINT 3
有意制造出席地而坐的客厅和餐厅、厨房之间的高度差，借此吸引居住者的视线，让空间自然产生连续性。

POINT 2
通过挑高和开放式的空间设计，强化了回游时的立体感和空间深度。

POINT 4
餐厨空间和玄关的高度一致，客厅又和室外的木作露台高度一致，以此贯穿内外，营造连续的空间。

02 连接纵向空间的
立体动线

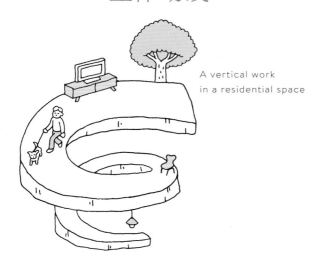

*A vertical work
in a residential space*

在有书架的楼梯上漫步

在寸土寸金的城市中，建在一小块弹丸之地上的"塔形"住宅相当常见。为了有效地利用有限的基地，设计师必须将设计的重点放在空间的纵向维度上。因此，这类住宅的空间设计极少看到n个LDK（L客厅、D餐厅、K厨房）式的平面分布，而多采取立体式的多层结构。连接立体空间的动线也就不再是走廊，而是纵向的楼梯。换言之，基地狭小的住宅设计，如何让居住者在有楼梯的空间中享受到生活的乐趣就成了设计的重点。

比如，楼梯侧面的墙壁可以做成一整面书架，上下楼梯时可以随心所欲地拿取书，仿佛置身于书店之中。如果是一栋挑高错层式设计的住宅，如能充分利用中空空间的视野，居住者即可享受到一般平层公寓无法享受到的愉悦。因此，将住宅的空间纵向拉高，可以说是让居住者在都市空间中散步的一种设计手法。

POINT 2
住户可以把藏书、CD、黑胶唱片收纳在楼梯边的墙面书架上，在日常生活的有限空间中享受别样的乐趣。

POINT 1
在楼层之间纵向漫步，
享受立体的居住空间。

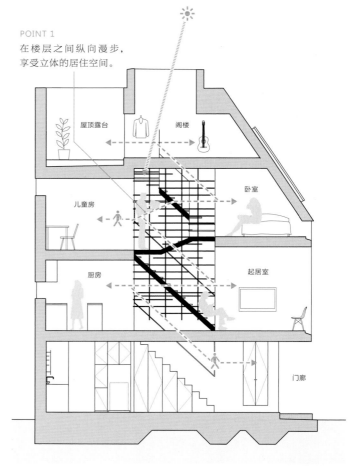

屋顶露台
阁楼
儿童房
卧室
厨房
起居室
门廊

剖面图　S=1：100

用天井营造丰富的纵向空间

POINT 1

设计一个有挑高的仰视空间，让住宅显得更加宽敞。

POINT 2

利用天井四周的空间，展示住户收藏的伊姆斯椅。这是用创意营造出纵深空间丰富性的绝佳案例。

POINT 3

住宅中心的镂空式楼梯，为居住者创造出一种轻盈的印象，让人忍不住想上楼看一看。

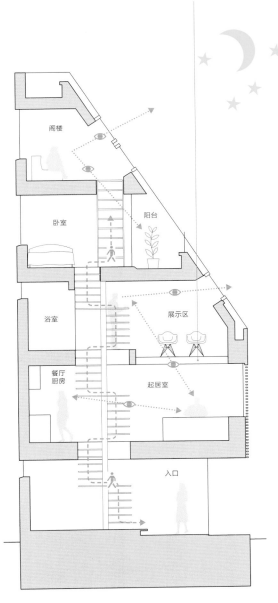

阁楼

卧室

阳台

浴室

展示区

餐厅厨房

起居室

入口

剖面图 S=1：100

03 高效而又精简的 家事动线

A housekeeping flow to compactify

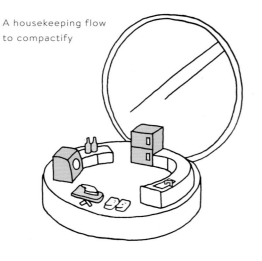

家事动线是指家中洗衣、烹饪等家务的活动路线。想让家事变得更有效率，就需要尽可能地集中用水位置，缩短动线距离。换言之，家事动线所追求的就是"精简"。

动线的宽度至少应为800mm，而且动线途中不可摆放任何物品。如果中途设有门，就会影响动线的行进，有碍效率。倘若门是这其中必需的，建议设置左右横推的推拉门为宜。动线所绕行的空间，最好采用驾驶舱式的设计，这样就可以在做家事时照看到家人或小孩。

吧台式或开放式厨房的视线不受阻隔，既能观察到家中的情况，又不妨碍干活儿，让人觉得安心。此外，若能把厨房和室外空间连接在一起，且能轻松进出室内和室外，做起事来必定会更得心应手。在思考家事动线的同时，留意室内通风的状况也是设计厨房时的一大重点。

十字形动线提高家事效率

POINT 1

十字形动线是卓有效率的一种家事动线类型。将原本的隔断改为推拉门，行动时变得更畅通无阻。

家务阳台
2.11J

卧室

浴室
3.22J

主卧

LDK
16.54J

2F 平面图　S=1：200

POINT 2

在厨房料理时，视线可直达化妆间后方的小露台，做起家事来既安心又有效率。

隔而不断的家事空间

POINT 3
从厨房可以穿过透明强化玻璃，清楚地看到洗手间。视觉上能让室内感觉更宽敞，也能提高家事效率。

POINT 1
洗手间采用透明强化玻璃作为隔断，厨房也成为视野广阔的空间。

POINT 2
把厨房、洗手间、家务阳台集中在同一个区域，让家事动线变得更具机动性。

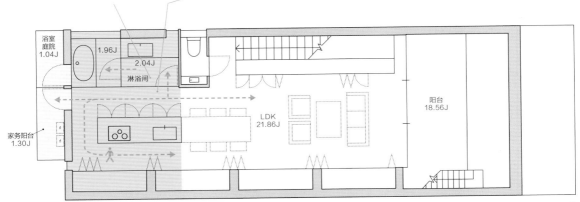

浴室庭院 1.04J
1.96J
2.04J
淋浴间
家务阳台 1.30J
LDK 21.86J
阳台 18.56J

2F 平面图　S=1：100 ⊙

家事空间变身"后花园"

POINT 1
配合家事，设计成"餐厅→厨房→家务阳台→浴室→盥洗室→洗衣间"这样一气呵成的动线。

POINT 2
如果家事动线和生活动线存在交叉的情况，最好尽量避免其二度交叉。

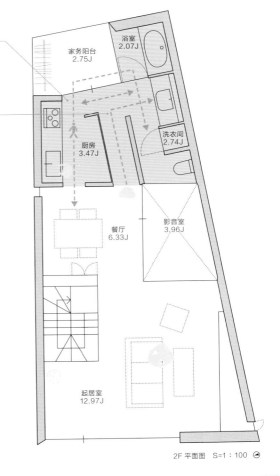

家务阳台 2.75J
浴室 2.07J
洗衣间 2.74J
厨房 3.47J
餐厅 6.33J
影音室 3.96J
起居室 12.97J

2F 平面图　S=1：100 ⊙

POINT 3
从餐厅穿过厨房望向家务阳台。最短的直线距离，永远是最具效率的选择。

POINT 4
开放式的小阳台不仅和厨房相通，也和浴室相连，视觉上形成了中庭的效果。

04

提升居住舒适性的
过渡空间

An intermediate space with high-livability

在日本的住宅空间中，我们经常看到内部空间位于外部，外部空间却属于内部的设计，也就是所谓的"过渡空间"。譬如室外地面直接延伸到室内的"土间"，以及明显由内部空间向外延伸而成的连廊。这类空间之所以让人有安全感，就在于既能接触到户外的自然和四季变化，又能和室内的家人保持一定的交流。

由于过渡空间本身既属于内部也属于外部，因而天生具有平衡内外的效果。西方建筑也有所谓的中庭和露台天井，其实也是一种把庭院纳入空间内部的设计手法。在日本早年的"长屋"中，也能看到类似在内部空间创造开放性区域的设计。

过渡空间的设计可以利用不同的宽度、开窗形式和地板的高低差营造出更加丰富细腻的空间感觉。想要提升居住的舒适性，不妨在过渡空间上大做文章。

利用高低差使内外贯通

POINT 1
将内部的水泥墙面直接延伸到露台上，产生一种内外合一的效果，露台的开放感也会渗透进内部空间。

POINT 2
起居室的地面略抬高，和屋外的露台做成相同的高度，以突显内外之间的连贯性。

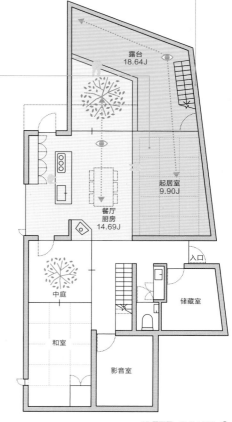

1F 平面图　S=1：150

POINT 3
这是从LDK向外看到的清水混凝土的露台。客厅和露台地板同高，因而加强了空间本身的延续性。

打破内外界线
营造空间延续性

POINT 3

POINT 3
全开式落地窗外的露台
就是名副其实的过渡空
间。直接连在墙面上的
楼梯也具有装饰性，成
为了室内景观的一部分。

POINT 1
由外墙所包围的内部
露台，采用灵活的开
敞设计，打破内外之
间的界限，让空间感
觉更为宽敞。

POINT 2
面向露台的一面采用
全开式落地窗设计，
营造出内外连续的过
渡空间。

POINT 4
在和周边环境分隔开来的同时，又将室
内空间向外打开，创造出一片属于私人
的宁静天空。

1F 平面图 S=1：120 ⊙

平面图标注：
中庭 9.61J
卧室 7.21J
洗手间
LDK 23.47J
主露台 14.64J
入口
入口庭院

户外空间也是室内空间的延伸

POINT 2
当木制拉门完全开启时，室内空
间就与户外连在了一起。视觉上
会自然而然地把空间的范围延伸
至对面的墙壁。

POINT 1
与住宅周边的环境融
为一体的一楼停车
场。开放式设计采用
不易让人感觉封闭的
钢架结构外墙。

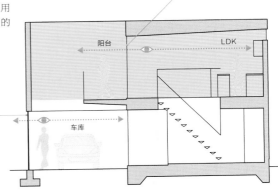

POINT 3
相对于一楼车库的
开放式设计，二楼
更注意生活的隐私
性，在街道旁边特
别设置了高围墙。

剖面图标注：
阳台
LDK
车库

剖面图 S=1：120

05 构建骨骼般的 楼梯动线

Steps to be a frame in a house

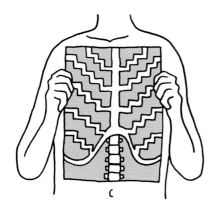

除了平房外，一般的住宅里都设有楼梯，但楼梯的功能绝不仅仅是连接不同楼层。它不仅可以改变空间的景观视野，本身也可作为隔断、舞台甚至装饰，就好像是运动场上的全能运动员。

住宅楼梯的宽度最少为750mm，同时，根据不同的类型，所占据的空间大小也不一样。一般直线形楼梯最节省空间，螺旋式楼梯所占的空间则稍微大些。楼梯扶手的安装方式也可以用来突显空间的开放性或封闭性。特别是面积较小的住宅，与其采用墙壁包围住的封闭楼梯间，倒不如将楼梯作为生活空间的一部分。

如果楼梯同时还肩负着家事动线的责任，设在住宅的侧边反而容易让动线变得更复杂。想简化动线，就要把楼梯设在住宅正中央。若能让居住者在上下楼梯时不禁驻足、回首、欣赏意外的景致则是楼梯设计中的极品之作。因此，楼梯不仅是住宅的骨骼，同时也能起到提升室内氛围的作用。

在行进中领略楼梯上的景致

POINT 3
去掉楼梯的挡板不仅可以阔大视野，还能提升一楼的采光。

POINT 4
阳光从错层平台上沿着倾斜的天花板洒进来，整个空间都洋溢在柔和的光线之中。

POINT 1
把楼梯的动线设计成三角形，打破了直角形楼梯的单调，创造出生动活泼的意外景致。

POINT 2
配合建筑的梯形平面设计而成的楼梯，将人们站在LDK时的视线向上提升。

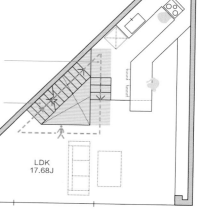

LDK
17.68J

2F 平面图 S=1：120 ◉

轻型楼梯营造空间的开放感

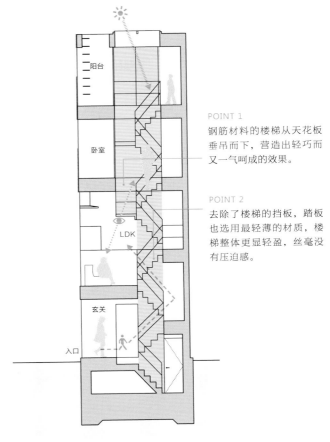

POINT 1
钢筋材料的楼梯从天花板垂吊而下，营造出轻巧而又一气呵成的效果。

POINT 2
去除了楼梯的挡板，踏板也选用最轻薄的材质，楼梯整体更显轻盈，丝毫没有压迫感。

阳台

卧室

LDK

玄关

入口

剖面图　S=1：120

POINT 3
把贯穿整座住宅天井的钢架楼梯设计在空间正中央，实现了极为简洁的楼梯动线。

将动线集中在住宅中心

POINT 3
玄关空间的龙骨梯本身就是空间中的装饰品，突显出空间特殊的气质。

空地

阳台
9.00J

POINT 1
将楼梯设置在住宅的正中央，这样可以将所有动线都缩到最短的距离。

餐厅

起居室

POINT 2
把楼梯设在起居室和餐厅的中间，自然而然地隔开不同的生活空间。

厨房

LDK
23.94J

2F 平面图　S=1：120

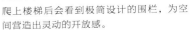

POINT 4
爬上楼梯后会看到极简设计的围栏，为空间营造出灵动的开放感。

06 为空间增添动感的 跃层设计

Skip-floor to give a rhythm to space

将楼梯间的面积扩大，可以使整个住宅进化成跃层设计。每一个楼层的高度控制在半部楼梯左右，以此制造楼层间的关联，让向下和向上的视线彼此交错。这是一般的集合住宅不可能享受到的景致。

对于都市住宅来说，人们总是想体验到更大的空间感和连续性。因此，与其在如何分隔房间上下功夫，不如利用好跃层设计，效果会更好。房间本身不仅是日常生活的舞台，同时房间与房间之间还产生了"看"与"被看"的关系。

不过，在享受跃层带来的中空天井和更具纵深的立体空间之际，随之产生的则是隐私、空调、声音等有待克服的问题。而且，变化过多或太过陡直的楼梯并不适用于老年人的住宅。因此，如何使跃层设计更加适合居住者的生活方式、变得更适宜居住才是设计的重点。

错落有致的生活空间

POINT 3
门前的庭院和室内相连通。利用视线与活动的交错，营造出一幅充满节奏感的生活风景。

POINT 1
不再用墙壁作为隔断，而是以地面高低差自然地区分开不同房间，将整个住宅打通成一个极大的空间，营造出宽敞和节奏感。

POINT 2
除了高低差，空间的连通采取立体交叉的设计，让空间更显活泼动感。

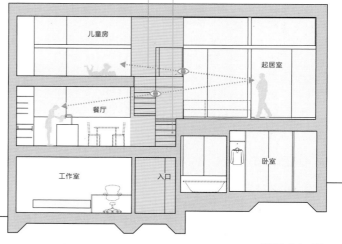

剖面图 S=1：120

利用不同地面高度改变单调的设计

POINT 1

节奏感十足的楼梯井不仅创造出向上和向下许多不同的视野，也提升了室内的采光，光线自上而下洒下来，楼梯也摇身一变成为贯穿各个空间的装置。

POINT 2

将狭长的空间设置成楼梯井，借此分隔出各个跃层上的房间，让跃层彼此产生"看"与"被看"的关系。

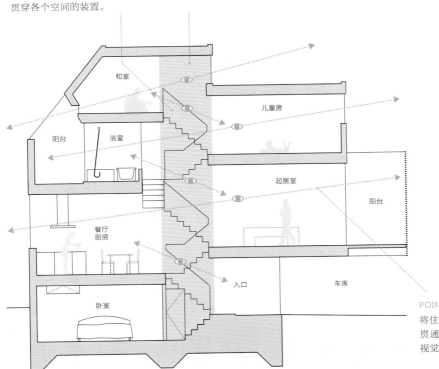

POINT 3

将住宅中较长的一边横向贯通，为上下前后建立起视觉上的联系。

剖面图　S=1：120

POINT 4

中央楼梯的设置将地下一层至地上三层串成一个逐步递进上升的连续空间。超大的楼梯间就像是生活的舞台。

POINT 5

跃层设计的一大特色在于，可以将有限的空间利用到极致。

POINT 6

浴室采用透明强化玻璃作为隔断，让居住者能够一眼望见每一个相连的跃层空间。

07

空间的气氛与
天花板高度

A control of ceiling height to
give a change to a scale

"宽敞"一词不仅意味着平面的"大"，更多时候也包含了空间的"高"。天花板的高度足以改变空间的宽敞度和规模。

一般来说，天花板较低的空间比较容易营造亲密性和亲近感，而天花板较高的空间大多能突显空间的气派。因此，追求亲密性的和室，通常天花板较低；讲究气派的入口大厅的天花板则较高。总之，高度的选择必须因地制宜。正因如此，天花板的高度设计也成为一种打造空间感觉的特殊手段。

即便是同一套房子里，天花板连续的高度变化也能营造出独特的节奏，使空间不致单调。就像跃层设计的地板高低差一样，天花板的高度变化虽然无法创造出视觉上的交错感，却可以让居住者感受到空间中的不同气氛。

高度变化营造空间的动感

POINT 3
利用配置了挑高中空的起居室和天花板较低的餐厨形成明显的对比，在彼此相连的大空间里，制造出无形的区隔。

POINT 1
餐厅、厨房和起居室之间的挑空，利用天花板的高度变化，强调了各自的空间特性。

POINT 2
透过天窗射入的光线和螺旋式楼梯强调出纵向空间的高度，进而突显挑高设计的特点。

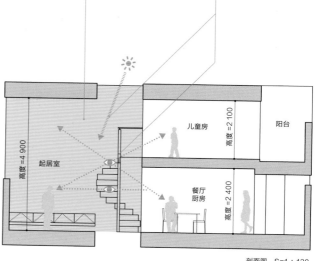

剖面图 S=1：120

地面高差搭配倾斜天花板
室内氛围整体改观

POINT 1
天窗和倾斜的屋顶结合在一起，空间显得既舒适又有节奏感。

POINT 2
中空的天井、地板的高低差和倾斜的天花板共同改变了空间的整体感觉。

POINT 3
既有内部的屋顶阳台，又有视野开放的外部阳台，制造出内外的关联性，居住者可以借此体会到空间的变化感。

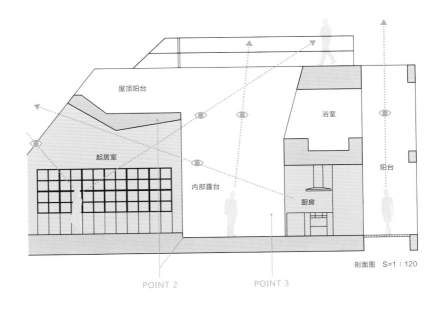

剖面图 S=1：120

POINT 2   POINT 3

POINT 4
这是二楼的内部阳台，目的是让室内更加有开放性。

POINT 5
这是从厨房望向起居室。空间的明暗对比来自天花板的高度变化，而地板的高低差也让起居室摇身一变，成为充满生机的生活舞台。

PLANNING

08

制造距离和进深感的
子母结构

A main house and a dependence to produce
a depth in-between space

母空间和子空间的大小组合形式也经常出现在住宅设计中。这种设计手法能够为居住空间带来极大的丰富性。空间中相对位置的改变，会产生极具趣味性的距离感，因此，相对位置的把控是子母设计中必须特别关注的重点。

不论是从母空间望向子空间，还是从子空间远眺母空间，都要能让居住者感受到不同的韵味。在彼此的位置互动中，需要时刻保持一种稳定、平衡的感觉，通过彼此的距离，让人更明确感受到自己所在的位置。

子母空间的功能差异越大，或者距离越远，会更突显两者的对立关系，并拉大彼此之间的距离。

在实际的住宅项目中，子、母两个单体是由无数的素材所搭配而成的，存在着许多不同的元素。因此，设计时必须仔细斟酌、同时兼顾子母两者才行。

一所房子
两个客厅

POINT 1
中间隔着中庭、彼此相对的主客厅和次客厅虽然有着完全不同的风格，但是通过透明的玻璃隔断相互呼应、互为一体。

POINT 2
隔着中庭、视觉上彼此相连的主客厅和次客厅。

POINT 3
在中庭中看到的子、母两个空间中的客厅，给人的感觉完全不同。

2F 平面图 S=1：120

隔而不断的起居室和客房

POINT 2

和式的客房外头有个造景中庭，穿过中庭，可以清楚望见对面的起居室。

POINT 3

目光穿过种植着变叶木标志树的中庭，可以清楚看见对面铺着榻榻米的客房。

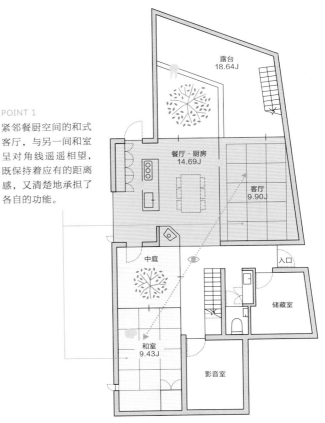

POINT 1

紧邻餐厨空间的和式客厅，与另一间和室呈对角线遥遥相望，既保持着应有的距离感，又清楚地承担了各自的功能。

露台 18.64J

餐厅·厨房 14.69J

客厅 9.90J

中庭

入口

储藏室

和室 9.43J

影音室

1F 平面图 S=1：150

私人空间和公共空间要明确区分

POINT 1

巧妙利用视觉上的偏移效果，在空间中制造出适当的距离感。母空间和子空间既彼此相连，同时也明确区分出了公共空间和私人空间，两个露台分别有各自的用处。

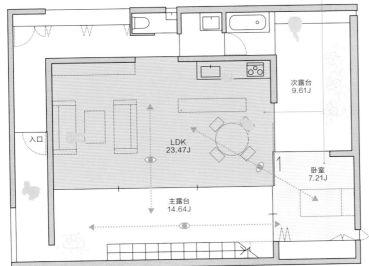

入口

次露台 9.61J

LDK 23.47J

卧室 7.21J

主露台 14.64J

1F 平面图 S=1：120

POINT 2

餐厅右手边是主露台，餐厅后方则是次露台。作为子空间出现的小卧室，就设在母空间——大客厅的后面。

09 打破内外空间界限的 庭院

A role of a courtyard to
blur boundary for inside and outside space

如果想要营造的是一处"看似在内，实则在外"的住宅，庭院的作用就值得好好思考。将外部空间凝聚在中庭之中，就能够将内部空间和外部空间联结在一起。因为住宅的中庭毫无疑问属于内部，而非外部空间。

小型庭院和内部采光庭院的设计不仅改善了室内的光线和空气流通，更提醒我们应该经常重视自然的作用。利用加大、加宽的雨棚或屋檐所形成的檐下空间，也是一种将外部空间纳入内部空间的有效手法。

庭院是距离室内空间最近的外部空间，因此对建立亲密的内外关系有重要作用。外墙的开合会直接影响室内与外部空间的距离感。我们知道，人车来往频繁的外部不适宜毗邻庭院，遇到这种情形，不如尽量和它保持一定的距离。总之，与室内空间共存而又能给人带来舒适感，这就是庭院本来该有的样子。

庭院也是采光口

POINT 1
在进深较大的建筑中央设置中庭，借此让自然光线照进来。由于居住者会自然而然地把视线移向光线明亮的采光庭院，内外的联系也就得以建立起来。

POINT 2
中庭的明亮和室内的昏暗形成了一组对比，这里是一处宁静安逸的空间。

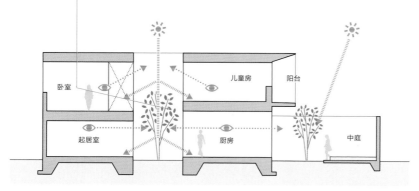

剖面图　S=1：200

不同庭院打造出不同风景

POINT 1

兼具前庭功能的狭长入口中庭，居住者可以在此转换情绪。

POINT 2

设在客房和浴室之间的小中庭，形成了一处享受阳光与自然的小空间，同时让居住者感受到与大中庭大不相同的宁静景致。

POINT 3

利用种植在中庭的标志树，打造一处吸引人的景观，渲染出与自然共存的乐趣。

POINT 4

紧邻客房的一方小中庭，让室内也可以享受柔和的阳光。

POINT 5

两侧的高墙围起的入口中庭，形成一处狭长的过渡空间，可以转换出入者的情绪，营造气氛。

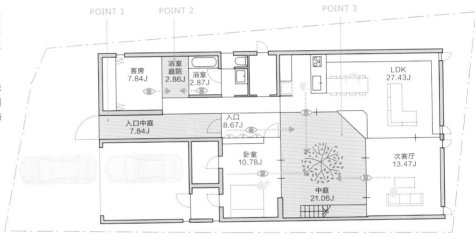

POINT 1　　　POINT 2　　　　　　　　　POINT 3

客房 7.84J	LDK 27.43J
浴室庭院 2.86J　浴室 2.87J	
入口中庭 7.84J　入口 8.67J	
卧室 10.78J	次客厅 13.47J
中庭 21.06J	

1F 平面图　S=1：200 ⊖

POINT 6

面向中庭的大面积落地窗，为多个不同的空间营造出关联性。

PLANNING

10

利用取景窗
创造远眺的乐趣

A cozy view taken in from an opening

从几近封闭的狭小住宅空间里眺望外部辽阔的景色是件大快人心的事。这种眺望所产生的快感其实是来自我们所谓的"取景"，是设计师追求视线开阔时极为常见的手法。

譬如日本箱根的一些酒店设计，从房间外的露台眺望山峦美景，必然会打动人心。然而，倘若换成是从一间162m² 的大房间向外眺望，那分感动势必会大大降低。因此，取景设计的关键在于，是否能够事先在眺望的主体和被眺望的客体之间建立起一个最恰当的比例关系。

设计住宅时，运用落地窗向外借景可以提升室内装饰效果，同时，这样的效果也有赖于落地窗附近的家具摆设。因此，在考查宅基地的阶段，就必须同时考虑落地窗所面向的视野景观及家具的选择等。总之，不论能营造多少处取景窗，居住的舒适性是设计的根本追求。

视线不受遮挡，享受全景般的视野

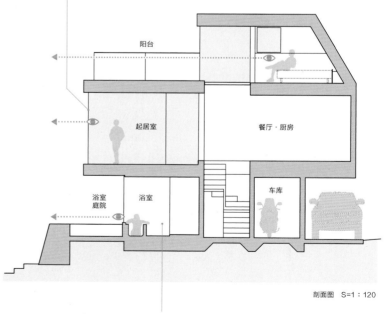

POINT 1
落地窗是取得全景视野的最佳取景框，是创造景观最重要的装置。

阳台

起居室　　餐厅·厨房

浴室庭院　浴室　　车库

剖面图　S=1：120

POINT 2
浴室小庭院的外墙与人坐在浴缸中的视线齐平。撷取外部的景观，创造一处观景浴室。在浴缸泡澡的同时，仿佛独自拥有这片惬意空间。

POINT 3
和浴室相连的小庭院可以远眺。浴缸的高度决定了视线的高度，这也是视线舒适与否的关键。

POINT 4
为了能充分享受到住宅北边的景观视野，室内配置了全景落地窗。

全开式落地窗营造远眺视野

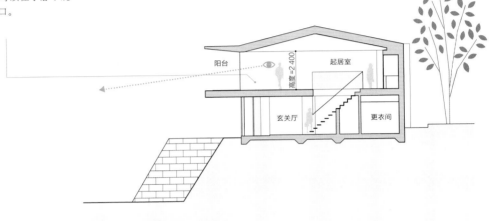

POINT 1

利用雨棚和阳台地面划定的两条水平线，截取远处的森林和海洋景观，将外部景观融入室内。

POINT 2

屋顶的外挑设计配合全开式落地窗，营造出一处可以在宁静中眺望远方的观景窗口。

阳台　高度=2 400　起居室　玄关厅　更衣间

剖面图　S=1：200

POINT 3

视线穿过狭长玄关前方的大片透明落地窗，可以看到远方，成功营造出流畅舒适的视野。

POINT 4

拉门完全敞开时，就形成了缓和内外的过渡空间，客厅和外部极致的景观融为一体。

11

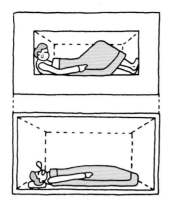

能让空间变大的
瘦身结构

A structure to show space
like one-size bigger

宅基地面积狭小的都市住宅，住户都会希望在法律允许的范围内，尽可能加大使用空间。这种前提下，选择厚度较薄的墙壁和地板，就成了理所当然的方法。

为了让墙壁和地板更薄，一般建筑师会把焦点集中在外墙、地板的选材，以及内部板材的组合设计上，不过最有效的方法其实是结构本身的选择。结构相当于建筑物的支架，而结构的选择往往会因环境、预算、成本等因素，面临许多不同的选项。然而即便选项再多，设计师也必须掌握一个原则，这也是住户们共同的要求——没有多余赘肉和脂肪的结构。

住宅的结构就好比人的身体，比例越端正，就越能表现出宽敞和气派。瘦身过的结构优点显而易见，不仅放大了空间的大小，营造出精致、轻巧的外在美，还可能降低成本。总之，只要瘦身方法得宜，建造出来的房屋必定是美观又耐看。

利用钢结构省掉结构墙

POINT 1
墙壁内部铺设了150mm×180mm的龙骨，实现了一处能够抵挡风压，高4.9m的挑空大LDK。

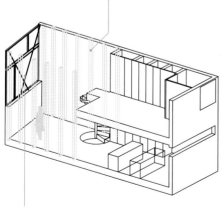

POINT 2
山墙不承重，改以钢架作为支撑，将对外的开窗加大到极限，大大提高了挑空空间的开放性。钢架的选色和窗棂一致，让两者融合成一体。

POINT 3
和白色的螺旋形楼梯相对的山墙大窗，窗口装设了两根钢架。

木结构 + 钢骨梁柱
实现全景视野

POINT 3

木结构住宅的承重墙分布需要慎重考虑，窗户的数量也非常有限。但如果采用大面积的梁柱、钢柱及钢架，就可以大大提高窗户设计的自由度。

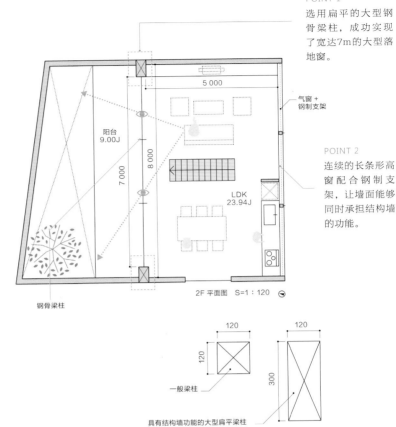

气窗 +
钢制支架

POINT 2

连续的长条形高窗配合钢制支架，让墙面能够同时承担结构墙的功能。

钢骨梁柱

2F 平面图　S=1：120

POINT 4

借助钢架所实现的最大宽度横向高窗和结构墙。

一般梁柱

具有结构墙功能的大型扁平梁柱

钢筋混凝土 + 钢骨梁柱，营造简洁的空间

POINT 1

在上层空间的中部安装支撑屋顶和错层地板的钢骨梁柱，让三楼的地板看起来更为轻巧，同时也加大了空间的宽敞度。

POINT 2

为了避免穿越地板、直达屋顶的这根钢骨梁柱太过突出，尽可能缩小了梁柱的直径。

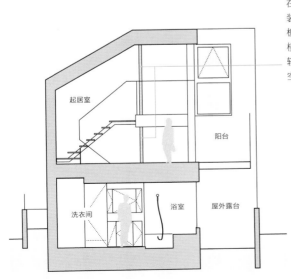

起居室

阳台

洗衣间　浴室　屋外露台

剖面图　S=1：120

POINT 3

从起居室向旁边高低错落的厨房看过去。支撑着三楼地板的这根钢骨梁柱其实也支撑着整座建筑物的重量。

12

一屋多用的
大开间

Various one-room

现代住宅正逐渐从每个家人一个房间的设计转变成大开间式的设计。即使未来家人的人数可能增加，许多住户仍愿意选择大开间式设计。大开间最大的特点就是灵活多变，最具代表性的就是起居室的设计。由于吃饭、休闲、睡觉等所有的活动都在这里进行，因此设计时会特别照顾到家人之间的交流和生活中的互动，另外，收纳也是必须要考虑的问题。

对于大开间式住宅，一般住户要求的不外乎空间变化的灵活度和动线的合理性。虽然家人不再团聚在一起看电视，但却容许每个人可以在同一空间内各行其是，互不干扰又不孤立。另一方面，大开间式设计需要统筹各个功能区之间的动线，形成一处联系方便而自在的生活空间。最新的大开间设计观念则是，乍看之下每一个元素互不相干，实际上却彼此联系紧密。

集所有功能于一室

POINT 1
客厅、餐厅、厨房一字排开，用地板的材质加以区分，这样就形成了一处一体相连却又各自独立的空间。

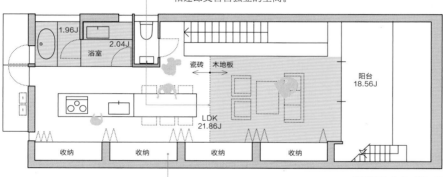

2F 平面图 S=1：120

POINT 2
将整面墙壁设计成收纳空间，让物品可以各得其所、收纳整齐，这样既可以让原本容易变得杂乱的大开间保持美观，同时又营造出空间的一致性。

POINT 4
摒弃单一的动线设计，每一个空间都拥有各自的动线，这样可以最大限度地发挥空间的功能。

POINT 3
透明的浴室和洗衣间大大降低了大开间设计的封闭感，让空间显得更大方和通透。

打造大开间的立体感

POINT 1

即便空间不大，利用阁楼和错层露台相连的设计，也能营造出一处立体、宽敞的大开间景致。

POINT 2

尽量缩小餐厅和厨房的面积，加大客厅部分，让空间自然产生抑扬顿挫的韵律感。

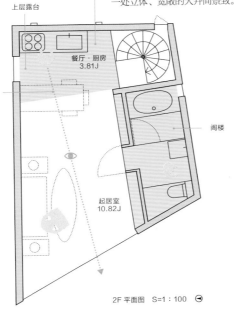

上层露台

餐厅·厨房
3.81J

阁楼

起居室
10.82J

2F 平面图 S=1：100

POINT 3

通过天花板的整体设计统辖不同高度的错层和挑空，最终呈现出一套功能完整的大开间。

将屋外露台纳入大开间

POINT 1

在L形的空间里，用隔墙围出一处内部露台，形成内外一体的开放式空间。

POINT 2

原本固定不变的大开间，加入了移动式的隔断设计，居住者可以根据情况调整空间的距离。

POINT 3

室内的光线会随着高窗和左侧露台射进来的自然光线而改变。随着光线的变化，空间里也会产生自然的动态感，避免单调和乏味。

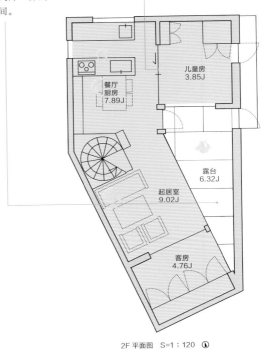

儿童房
3.85J

餐厅
厨房
7.89J

露台
6.32J

起居室
9.02J

客房
4.76J

2F 平面图 S=1：120

13

用定制家具
联系空间

Order-made furniture to connect space

使空间具有一致性的手段之一，就是利用量身定做的"定制家具"。这类家具可以把多个横向或纵向的空间联结整合起来，如同黏合剂一般，使空间中不同的元素整合为一个整体。

和地板、墙壁、天花板一样，设计定制家具时，除了注意风格上的协调性，还必须特别留意颜色和材质的选择，因为这些细节会直接影响到空间的整体格调。

尤其当我们试图把不同的空间联系起来时，若能拉长定制家具的长度或高度，效果将会大大提升。大开间的设计中，难免也会遇到空间分隔的需求，这时候大可以利用定制家具的串联功能，居住者会更清楚地感受到空间的连续性。配合照明设计，利用光线的明暗效果，更能突显出这种连续性。创造空间的连续感，不但可以为居住者的生活注入节奏感和戏剧性，还能让生活变得更悠闲自在，丰富多彩。

横向的定制家具为
空间注入流动感

POINT 1
利用照明设计，勾勒出定制家具的细长轮廓，让空间产生了一种流动的景致。

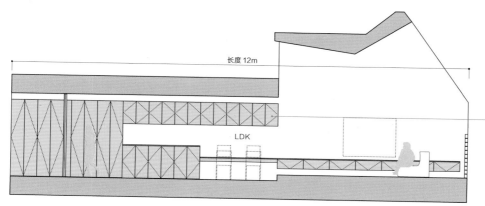

长度 12m

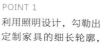

LDK

POINT 2
为了强调空间的纵深感和细长的外形，专门定制了连续而细长的家具，以此来提高室内空间的整体感，营造出空间和居住者之间的密切联系。

展开图　S=1∶100

纵穿楼层的定制家具

POINT 1
将挑空空间的整面墙全部做成书柜，为空间创造了完美的连续性和整体感。

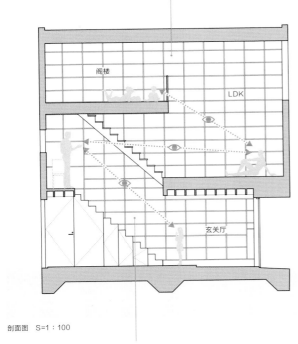

阁楼

LDK

玄关厅

剖面图　S=1：100

POINT 3
定制的家具在二、三楼作为书柜使用，一楼则是玄关鞋柜。定制家具可根据空间的用途改变功能，但形式上保持不变。

POINT 2
书柜使用同一种材质，并尽可能将柜格做成相同的尺寸，以此来营造一种不论身在何处都仍在原地的印象。

POINT 4
木材自然的纹理饱含着细腻的表情，强调出木作原汁原味的印象。

POINT 5
纵向或横向跨越多个空间的定制家具，为整体空间赋予了更强烈的视觉效果，也为居住者的生活注入了全新的生活契机。

14

高密度狭小居住区的 空间解决方案

Spatial solutions in a high density and narrow place

在日本寸土寸金的都市区，随处可见30m²不到的住宅。虽然有交通便利这个优势条件，但高密度居住区的住宅若不花心思设计，居住者肯定无法享受正常的居住环境。这时就要发挥设计师的专长，努力寻找解决问题的方法。

建筑面积狭小的住宅，如何创造出公共空间是设计的重要议题，最具代表性的解决方案就是中部挑空。乍看之下，挑空有些浪费空间，但由于它具有串联所有空间的特性，因此可以为整体空间带来宽敞的感觉，结果常常出人意料。

此外，在空间中设计楼梯间或错层，也可以加强空间的连续性，在视觉上创造宽敞性和节奏感。这样做的意义在于，可以把居住空间贯穿起来，从一楼的玄关到顶楼都一气呵成。制约空间的因素激发了日本建筑和室内设计的创意，正因为有这种制约，才有今日日本设计的丰硕成果。

利用屋顶露台强化室内采光

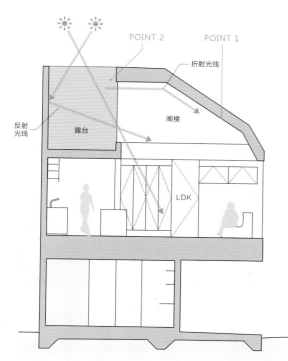

剖面图 S=100

POINT 3
从露台的采光窗照射进来的光线，通过天花板的折射，产生出极为细腻的明暗变化。

POINT 1
这是根据建筑限高设计成的斜屋顶，呈现在室内空间中的样子。

POINT 2
为了解决都市区宅基地狭小的问题，可以在楼顶设置露台，并且安装高窗，一方面可以保护居住者的隐私，另一方面也让室内获得了更充足的自然光线。

高密度住宅区
用高窗采光

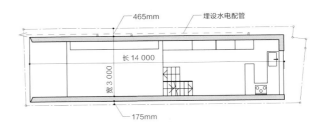

配置图 S=1：200 ⊙

POINT 3
安装无挡板楼梯，让高窗照进来的光线更容易照到下方的楼层。

POINT 1
利用高窗采光，天井可供光线穿过，照亮了整栋住宅的室内。

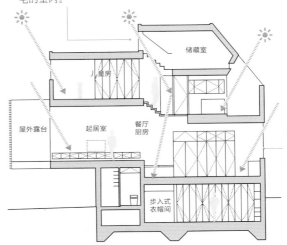

POINT 2
和邻舍紧邻的密集住宅往往采光不够。为了同时考虑防盗问题，最好的解决方案就是设置高窗或天窗。

剖面图 S=1：200

运用天窗引入自然光线

剖面图 S=1：100

POINT 1
北侧的天窗引入自然光线，光线穿越高窗的透明玻璃，直达一楼的浴室，整体空间都可以享受到自然照明。

POINT 2
顶楼的卧室采用透明玻璃隔断，既可以调节室内温度，也为室内带来了更柔和的光线。

POINT 3
北侧的天窗引进来的自然光线，让整体空间都笼罩在柔和的阳光里。

15 克服高寒地区气候的设计手法

A design technique in a cold area

高寒地区的住宅设计有许多要格外注意的要素。冬季的气温对策自不必说，设计师还必须针对可能出现的强风和积雪给出特别的方案。相较于海拔和纬度较低的住宅，高寒地区的住宅设计往往功能性要求更为突出。

在空间足够的前提下，可以利用移动式隔断，把楼梯间或天井隔开来，解决冷暖房效率的问题。为了提高室内的气密性，木材等天然材质是不错的选择，这类材料同时还兼具调节湿度和除臭的效果。

此外，如何在严酷的自然环境中，利用一些特殊装置，让室内得以向外开放，也是设计时的一大重点。比如设置全景式的景观门窗，增添几分生活的乐趣。当然，同时要做好防寒、防漏，避免意外发生。要言之，设计师必须先达成最基本的功能需求，行有余力时再在其他细节上多用心设计。

针对大雪的开放性防护设计

POINT 4
和雨遮形式相同且连成一体的外墙，既能阻挡冬雪，也营造了正面开放的印象。

POINT 5
中庭为底层挑空和玄关提供足够的采光。中庭同时也可作为大雪时的排雪区。

POINT 3
设计较宽的雨遮，夏日遮蔽日照，冬季减缓风雪的侵袭。

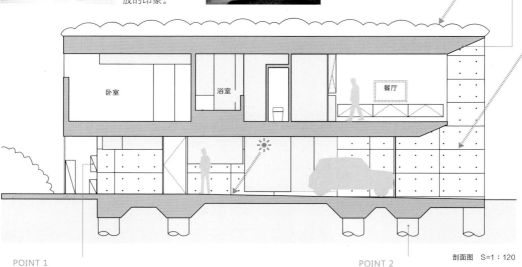

剖面图　S=1：120

POINT 1
这所住宅位于冬天积雪3m以上的大雪地区，因此一楼全部设计为车库，在宽敞的底层挑空结构内设置正门入口，并设有中庭作为玄关采光的来源。而热水器等设备也全部设在一楼内部，以避免受大雪殃及。

POINT 2
为了对抗冬季冻土产生的地基下陷，在地基下方另外加了稳固的基桩。

开放性空间营造温暖居室

POINT 1

为了能同时对抗冬季的寒冷和夏季的日照，采用钢筋混凝土这种隔热建材，外墙上又涂了一层光触媒涂料。

POINT 2

楼梯边设置了一间烘干室，直接引入一楼的暖气。坐北朝南的中庭也兼具了节省能源的效果。

POINT 4

略抬高的榻榻米空间入冬后作为客厅使用，附近设有壁炉。南面的阳光可以通过内部露台照入室内。

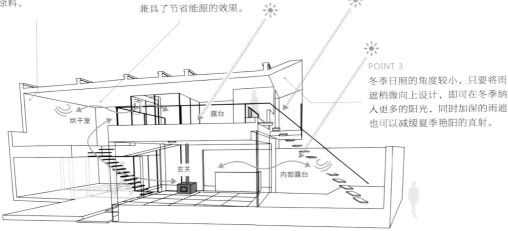

POINT 3

冬季日照的角度较小，只要将雨遮稍微向上设计，即可在冬季纳入更多的阳光，同时加深的雨遮也可以减缓夏季艳阳的直射。

POINT 5

照明全部采用LED灯，实现了一栋兼顾环保和节电的电气化住宅。

POINT 6

大落地窗在视觉上完全畅行无阻，同时也阻挡了外部流入的冷空气。

2

SPACE

打造私人的极致空间

SPACE

01 日常生活的舞台
舞台式设计

Stage-steps as a stage in a daily life

住宅相当于一座日常生活的表演舞台，唯有当居住者在舞台上活得多姿多彩，才称得上是一个"家"。创造视线焦点的设计手法非常多，其中之一就是所谓的"舞台式设计"。

众所周知，西方音乐演奏和戏剧表演所用的舞台，和观众席之间总是保持着一定的高低差，舞台通常较低、观众较高。高低差有助于让观众更清楚地意识到观众和舞台的区隔，会很自然把焦点集中在舞台上。换言之，地板的高度差也可以突显空间中的重点。

此外，公园或者公共空间的下沉式广场需要集中焦点时，制造高低差也是效果最好的一种手法。高低差能为观者的视线提供更多变化，并有效地为原本单调的空间赋予全新的意义。总之，通过舞台式（高低差）的设计，可以为日常生活创造"非日常"的感觉，淡化居住者对于"日常"和"非日常"的认识界限，让居住者拥有更舒适的生活感受。

打造生活的戏剧性

POINT 1
客厅可以从露台俯瞰。利用楼梯将室内打造成三段式的高度，把餐厅和厨房设计成一座沉降式的舞台。

POINT 3
舞台式设计可以即刻改变空间的气氛，创造出两个不同氛围的空间。这种设计的关键在于视线的高低变化。客厅和沉降式空间在与天窗、龙骨梯相互协调的同时，完全合为一体。

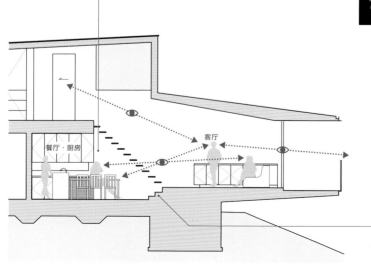

餐厅·厨房　客厅

POINT 2
餐厅、厨房和客厅彼此相连，由高低差作为区隔。两个空间既有各自分开的舒适性，也能融合成为一体。

剖面图　S=1：120

创造空间的亲密性

POINT 1
用舞台式设计手法，将客厅变成一座舞台，坐在低矮的沙发上可以望见整个餐厅、厨房和天井。除了地板，挑空也经过精心安排，让客厅和餐厅之间一览无遗，创造出两个空间"看"与"被看"的亲密互动。

POINT 2
舞台式设计将客厅和餐厨空间分成两个部分，而一组长条状的定制家具再度把两个空间串联在一起，大大提升了大开间设计的亲密性。

POINT 3
舞台式设计营造出区隔清晰的两个空间，让正在厨房做家务的人和在客厅休息的人视线相交，缩短了原本的距离感。如何维系家人的关系和距离感，正是大开间设计的一大重点。

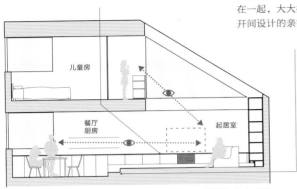

剖面图　S=1：120

舞台式设计与日式居住传统

POINT 1
室外露台和室内客厅的高度一致，创造出内外合一的感觉。坐在露台上，就像坐在传统日本建筑的外廊（传统日式住宅外缘的木质走廊）一般。

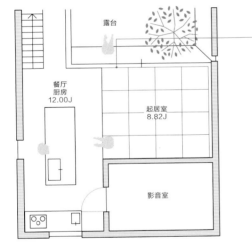

POINT 3
黄昏时可以坐在木质露台上，欣赏灯光营造出的特殊风景。

POINT 4
利用地面的高低差，改变居住者的视线。随着视线的移动和交汇，空间会自然产生出距离感和连续性。

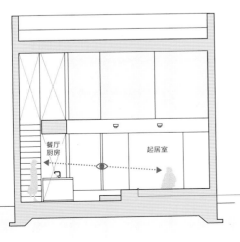

POINT 2
瓷砖铺设的餐厅和厨房紧邻稍微高起的和式客厅，沿袭了日本传统民宅中厨房和主厅的配置方法。传统席地而坐的地板和西式椅子的视线设计成同一平面，借此增加家人沟通的机会。

平面图·剖面图　S=1：120

02 童话中的树屋
都市里的阁楼

男性心目中对于树屋的向往大概来自于马克·吐温《汤姆·索亚历险记》的影响。树屋仿佛是一处与世隔绝的圣地，象征着男性对一方独处空间的憧憬。

在住宅空间里，女主人要求的多半是一间视野良好的厨房，男主人则大多倾向于一个属于个人的小天地。每一个男人心目中的小天地也许都差不多：低矮的天花板，需要猫着腰才能钻进去——这样才能确保它是处人迹罕至的阁楼。这里可以当成书房或收藏室。空间虽小，却符合男人的本性，就好比随手披上的一件外衣，粗犷而又自在。因此，与其追求风格豪华，这个空间更需要的是让人沉静，空间越小，反而越能够与自我对话。在这个隐私逐渐消失、无时无刻不被人监视的现代社会里，一处无人打扰、可以独处的空间，正是每一个家最需要的。

Urban-loft as longing
over-tree life

在阁楼里享受自己的天地

POINT 1
为了避免过度闭塞，保持适度的开放性很重要，可以让人在阁楼里待得更久。

POINT 2
根据限高所做成的倾斜天花板，也让这里更具有阁楼的氛围。

POINT 3
标准的阁楼高度是1.4m，这样的高度一来可以让空间显得更为舒适和周正，二来可以让使用者更容易沉浸在自己的天地之中。席地而坐是多数人所向往的阁楼形式，因为需要的物品随处都能伸手够到。

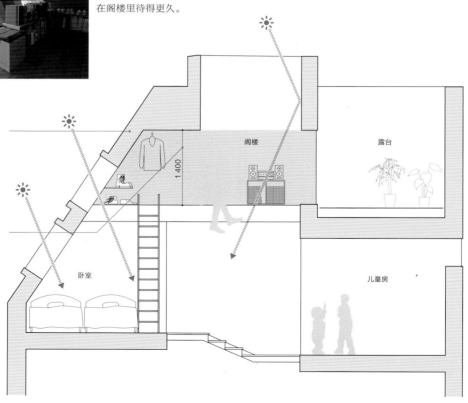

阁楼

露台

1 400

卧室

儿童房

剖面图 S=1∶60

多功能的双层阁楼

POINT 1
地板、墙壁、天花板全部采用相同的花柏木，为整个空间创造出一体感。空间虽小，却因为两个楼层紧紧相连，加上视野的开放，让整个空间显得更加通透和舒适。

POINT 2
设置在一楼卧室外的小露台和卧室内的木质楼梯，充分实现了树屋生活的印象。

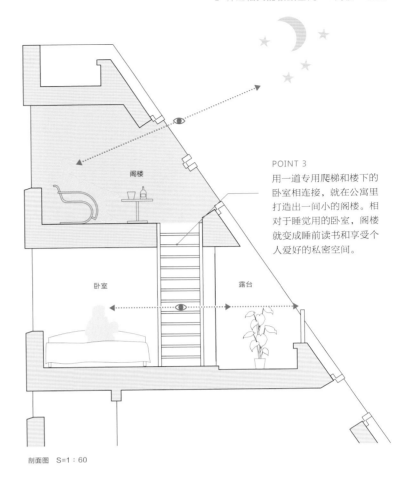

POINT 3
用一道专用爬梯和楼下的卧室相连接，就在公寓里打造出一间小的阁楼。相对于睡觉用的卧室，阁楼就变成睡前读书和享受个人爱好的私密空间。

剖面图　S=1：60

从阁楼俯瞰室内空间

POINT 1
将阁楼设计成瞭望台，可以纵观整个细长的LDK空间。

POINT 2
将阁楼设在最内侧，减少了室内空间的封闭性，也让空间感觉更为宽敞。

POINT 3
阁楼居高临下的视野别具一番风味。俯瞰使生活中视线的体验更为丰富。

POINT 4
配合阁楼，LDK采用挑高式设计，搭配整片的冷杉天花板。狭长的空间比例更突显出阁楼的存在感，阁楼也成为LDK延伸出去的第二起居室。

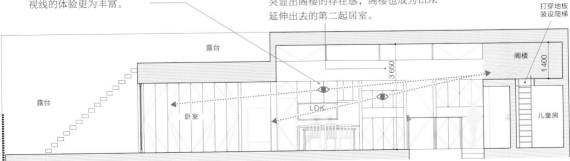

剖面图　S=1：100

03 打造极致的奢华空间
都市平房

A luxurious urban-flat
on the life-style

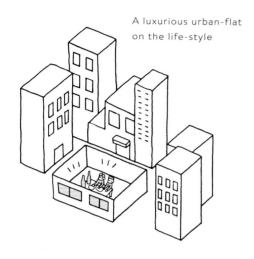

平房是都市人心中最深处的向往。能够在大自然的土地上落地生根，无疑是身处在都市丛林、不得不过着"立体生活"的人们内心永恒的梦。事实上，自古以来的日本住宅，从雨遮到侧廊，许多空间的要素几乎都源自传统的平房设计。无怪乎两层以上的建筑，即便外观多么美轮美奂、豪华气派，都不敌平房引人入胜。

选择在城市的近郊或远郊安家，让越来越多的都市人一定程度上实现了他们心中向往的"都市平房"计划。尤其是因为法定绿化率的限制，必须保证庭院面积大于建筑面积的地区，我们不妨好好思考一下，究竟该如何打造这块占据大半基地面积的庭院。总之，所谓的都市平房，就是在协调室内和户外之间的关系，也可以说是重视内外环境关联性的一种设计理念。

坐享私人天空

POINT 1
天花板全部改成天窗，不但增加了室内采光面，也因为截取出一片"私人天空"，拉近了居住者和大自然的距离。

POINT 3
把大自然的天空和绿意纳入室内，正是都市平房的精髓所在。

POINT 4
用来撷取天空的清水混凝土，不经过精密的角度计算，绝不可能营造出这片磅礴气势。

POINT 2
利用庭院或中庭这类没有屋顶的空间，让住宅享有一片于都市中顾自安静的"私人天空"。

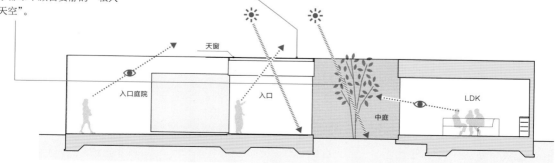

天窗　入口庭院　入口　中庭　LDK

剖面图　S=1：150

独享私人露台

POINT 1
建筑外立面不设置窗口，反而更突显出建筑本身的内外关联性。

POINT 2
私人露台可以利用全开式的手法，将内外合为一体，营造出都市平房的极致魅力。

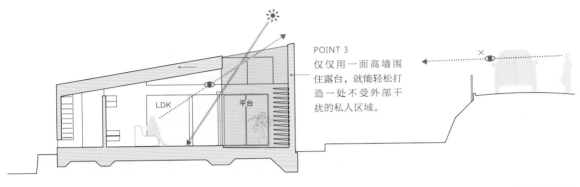

POINT 3
仅仅用一面高墙围住露台，就能轻松打造一处不受外部干扰的私人区域。

剖面图 S=1：120

纵享海岸景观

POINT 1
入口的外立面也设置了一排水平连续窗，让居住者在走进家门之前就预感到背后绵延的辽阔风光。

POINT 2
狭长的建筑造型描绘出和海岸线平行的线条，使风景和建筑融合为一体。

POINT 3
面朝大海的立面设计成整面的水平连续落地窗，让居住者可以纵情享受海岸线的全景。

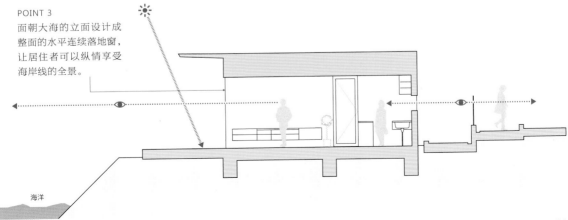

剖面图 S=1：100

04 享受光影互动的
狭缝采光

A Slit-light which can be enjoyed
with a light and shadow

在多层建筑（3～5层）较密集的都市住宅区中，设计师可以利用天窗进行采光。理由是与其在立面上开窗，不如直接用天窗控制和确保采光效果。这样，如何利用天窗将天空纳入室内，就成了都市住宅设计的乐趣和精髓所在。

如果天窗设在北面，可以顺势把柔和的散射光线纳入室内。天窗的面积可大可小，不过如果能把开窗处切割成许多细窄的空间，光线会变得更为鲜明，从而强化光影对比，让整个空间更具戏剧效果。光线照射在墙面和地板上，阴影自然天成，最好再经由楼梯或扶手等附属装饰的遮挡，又会呈现出许多丰富的表情。光线所营造的氛围具有安定心神的作用，因此，设计师就需要将整体空间设计成一面适合光影投射挥洒的画布。

利用自然光线营造空间情趣

POINT 3

在掌握光线反射、折射的基础上，通过建筑物北面的开窗、狭缝状的天窗以及高窗的设置，成功营造出漂亮的光影变化。

POINT 4

从天窗洒进室内的柔和光线也加深了楼梯的线条感。

POINT 2

利用客厅上方的天窗，制造出室内光影的对比效果。把天窗设在北面，既能导入上午东面的直射光线，又能纳入下午柔和的散射光。

POINT 1

充分利用自然光线所形成的线条和明暗变化，为空间营造出简单却生动的景致。

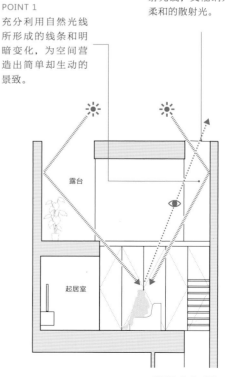

露台

起居室

剖面图　S=1：100

为空间营造细腻的光影和表情

POINT 1
利用大面积的立面开窗和天窗，从不同的侧面纳入光线，让室内的光影产生更多变化。

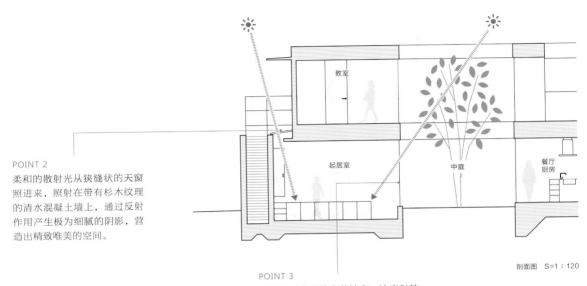

剖面图 S=1：120

POINT 2
柔和的散射光从狭缝状的天窗照进来，照射在带有杉木纹理的清水混凝土墙上，通过反射作用产生极为细腻的阴影，营造出精致唯美的空间。

POINT 3
利用面对中庭的大落地窗，让直射的阳光穿过标志树，直接照进室内，再加上来自天窗的柔和光线，塑造出室内空间的深度和宽度。

利用光影突出材质印象

POINT 1
连续排列的格栅所产生的鲜明光线条纹，让墙面瓷砖的表情更为丰富。

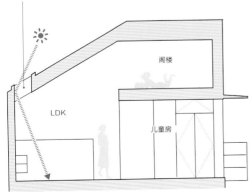

剖面图 S=1：100

POINT 2
从天窗映射下来的光影，会随着时间产生角度和明暗变化，为静态空间注入了动态感。

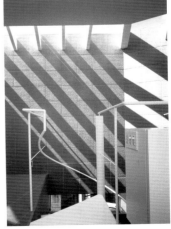

POINT 3
透过露在外面的小格栅，在墙面上描绘出光和影的自然画卷。

05 传承日本精神的
榻榻米

The Tatami to inherit Japanese' mentality

虽然西式座椅在人们的生活中已经习以为常，但日本人至今仍对传统席地而坐的舒适感觉念念不忘。对日本人而言，席地而坐有一种难以述说的踏实感，躺在榻榻米上，扑鼻而来的蔺草香又是另一种不同的享受。如今，就算是身材较高、不习惯跪坐或盘腿的日本年轻人也会要求在家里设置一个被炉。可以说，日本人始终不改千年以来亲近大地的传统。

可能因为西方的座椅始终不合日本人的胃口，生活中即便有了沙发，他们照样习惯坐在沙发前的地板上，沙发成了席地而坐的靠背。即便坐在西式座椅上，也难改旧习，会不由自主地盘起双腿。

于是，现代的日本住宅便逐渐衍生出一种混合着西式座椅的"榻榻米设计"，同时又蕴含着大和民族"亲近大地"的空间感。不论时代如何演进，席地而坐的传统恐怕仍会持续下去。

榻榻米和餐桌的组合

POINT 1
厨房和客厅之间设置了三段楼梯。餐厅餐桌的桌面和厨房吧台的桌面彼此相连，而且高度一样，用餐时无须盘腿。餐桌在厨房部分是个吧台，在客厅的部分则变成矮桌，很适合席地而坐。

POINT 2
利用厨房和客厅的高低差，以及设置在两者之间的连续餐桌，巧妙将不同高度的空间设计成席地而坐和使用座椅的空间。这样的结合拉近了餐厅和客厅的距离，同时也让厨房工作更舒适。

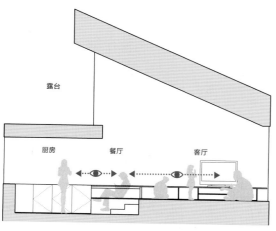

剖面图 S=1：100

2F 平面图 S=1：120

利用榻榻米打造简洁的生活

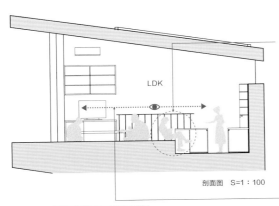

剖面图　S=1：100

POINT 1
岛型设计的厨房吧台，在客厅做成被炉的位置，并兼具餐桌的功能。由于榻榻米不需要配置座椅，因而也有效节省了空间。

POINT 2
尽管空间不大，但可以利用地板高度的变化，制造出空间中多变的视野，让居住者体验到更为丰富的生活空间。

POINT 3
利用高低差的设计，把居住者的视线导向较高处的客厅，并清楚感受到露台和天窗的自然光线，进而让整个空间感觉比实际更加宽敞。

POINT 4
利用高低差，营造出简洁而又舒适的厨房。

客厅
餐厅
10.01J

露台
4.25J

厨房
4.50J

卧室

榻榻米吧台

3F 平面图　S=1：120

榻榻米和露台连成一片

POINT 1
把客厅的空间设计成稍微隆起的榻榻米形式，并将其高度和室外的露台高度齐平。利用相同高度的地板，营造出室内外的一体感，效果远胜于单靠墙面所制造的连贯性。

POINT 2
将榻榻米客厅和采光庭院设计成相同的高度，形成与自然对话的气氛，消除了室内的紧张感。

剖面图　S=1：100

榻榻米吧台

客厅
9.90J

露台
18.64J

餐厅·厨房
14.69J

1F 平面图　S=1：120

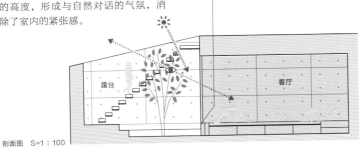

露台　　　客厅

POINT 3
用同一种地面材料把原本不属于室内的露台和客厅连在一起，感觉空间变得宽敞许多。

06 居住空间的核心
沟通式厨房

Communication-kitchen
to be a center of living space

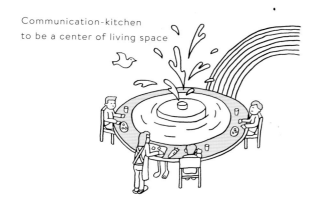

现今的住宅里，"厨房"两个字其实不足以涵盖厨房本身丰富的内容。一个宛如驾驶舱的厨房，已经不再是男主人、小孩止步的地方，而是家中任何成员都能自由进出的公共空间。除了烹饪，所有的家务，乃至于读书、上网都可以在这里进行。

如果再加入可供家人休闲的餐桌、茶几等，厨房俨然就是个交流重地。因此，"沟通式厨房"已然成了家庭的核心，是家人之间对话、谈心的场所。此外，由于如今的厨房功能还不止于做菜和交流，甚至演变成孩子们读书、写作业的地方，因此，新式的厨房设计又多了可以缩小儿童房面积的神奇功能。于是，这种过去较常见于合租公寓里的沟通式厨房，如今已进化成一种新形态的现代客厅，或者不妨说这是一种对生活原点的回归，返回了厨房最原始的定义。

回游动线包围的岛型厨房

POINT 4
从厨房可以清楚看见大门入口和室外的露台。不但让厨房成为室内的核心，也提供给家人沟通的环境。

POINT 5
足以应对家庭聚餐的岛型厨房。回游动线的设计使大型岛台同时具备用餐和收纳的功能。

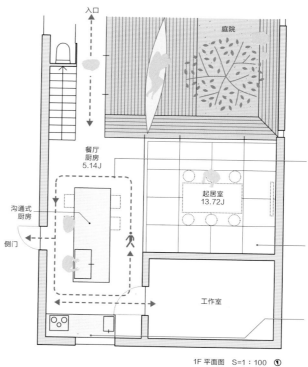

入口

庭院

餐厅厨房
5.14J

沟通式厨房

侧门

起居室
13.72J

工作室

1F 平面图　S=1：100

POINT 1
采用具有回游功能的大面积岛型厨房，让厨房的家务可以多项同时并进，坐着也可以烹饪。

POINT 2
和式客厅的地面稍微高起，目的是为了让在客厅休息的家人和在厨房做家务的家人视线齐平，便于沟通。

POINT 3
冰箱、灶台、小料理台和橱柜配置成一条直线，以此来确保最短距离的厨房动线。

视野开放型厨房
感知四季变化

POINT 1
从厨房可以透过大型落地窗看见中庭的景观，由中庭的落叶树感受四季的变化。

POINT 2
站在厨房可以将入口、卫生间、客厅、楼梯尽收眼底，如同驾驶舱一般掌握全局。

POINT 3
从厨房可以同时看见中庭和后院，随时享受广阔的风景和自然光线的变化。

起居室
21.06J

中庭

入口

餐厅·厨房
16.85J

食品储藏室

后院

平面图 S=1：120

POINT 4
相对于住宅标志性的中庭而言，和家人一起用餐的餐厅旁边的后院，是个只属于家人共处的公共空间。

POINT 5
位于两个庭院中间的大视野厨房，让人在日常生活中既能随时留意到家人的动态，也能够清楚感受到大自然的微妙变化。

适合邀请友人做客的
聚会型厨房

POINT 1
兼具客厅功能的厨房面积虽小，但是由于设计了挑高，不会让居住者感觉到拥挤和压抑。

POINT 2
和每天都会使用的客厅连成一条直线的功能性厨房，由于距离木作露台不远，不论居家活动或朋友聚会，都非常方便。

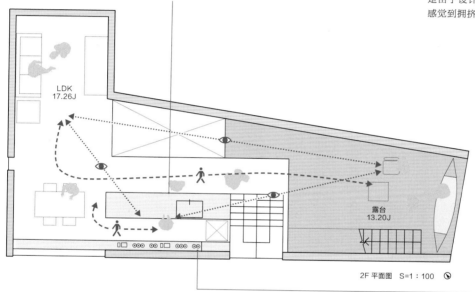

LDK
17.26J

露台
13.20J

2F 平面图　S=1：100

POINT 3
长长的料理台能够提供空间作为酒架，营造了一种酒吧一样的气氛。朋友聚会时，还具有连接室内和露台的功能。

POINT 4
厨房被透明落地窗包围。如果聚会人数很多，这里就和露台合为一体，轻松度过美好的相聚时光。

位于空间中心的中央型厨房

POINT 1

岛型厨房的动线兼具回游性，所以能一边做家务一边和家人对话。

POINT 2

设在空间核心位置的中央厨房，让使用者在烹饪的同时还能和在餐厅、客厅的家人聊天。由于距离小露台和卫生间都很近，让家务做起来更得心应手。

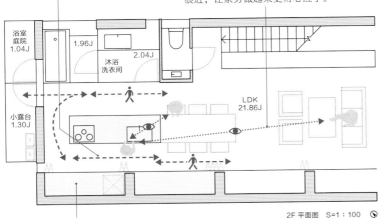

浴室庭院 1.04J

1.96J

沐浴洗衣间 2.04J

小露台 1.30J

LDK 21.86J

2F 平面图　S=1：100

POINT 3

岛型设计具有完美的功能性，确保了墙面的收纳空间，连冰箱也一并纳入。厨房的墙面收纳食材、厨具和垃圾桶，餐厅的墙面则收纳餐具、电炉等。

POINT 4

通过回游动线、岛型厨房和墙面收纳的组合，中央厨房便兼具了美观和功能性。横跨LDK的天窗照进来的柔和光线，将空间融为一体。

兼作餐厅的小型厨房

展开图　S=1：30

POINT 1

为了协调餐桌和料理台的高度，特别定制了合适高度的座椅。座椅靠背的优美曲线也突显出空间设计的亮点。

POINT 2

料理台和餐桌合为一体的小型厨房，也打造了一处简洁的餐厅空间。餐桌采用烟熏干燥木材，为室内营造出几分暖意，也避免厨房功能区过于生硬。

POINT 3

当餐桌和料理台必须结合在一起的时候，设计师重视的不只是功能，更希望能营造出美观和温馨的感觉。

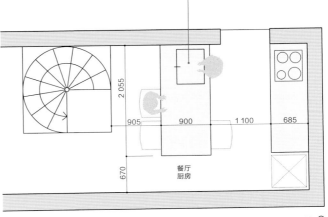

2.055

905　900　1 100　685

670

餐厅厨房

3F 平面图　S=1：60

07

享受珍贵的夜晚时光

夜间起居室

A night-lounge to spend precious time at night

那些夫妻两个人都忙于工作的家庭，平日里早出晚归，相处的时间极为有限。这样的生活节奏中，他们最宝贵的就是睡觉前和起床后的沟通时间了。于是，便出现了所谓"夜晚起居室"的概念，同时满足沟通和睡眠的功能。

卧室最主要的用途就是提供休息的环境，让人睡得舒服、醒来也感觉愉快。不过，倘若能加入一点有助睡前和起床后沟通的创意，就可以提升卧室设计的附加值。譬如增设一张沙发椅，让人能坐下聊天，或者设置一张小书桌，可以继续白天未完成的工作。甚至在假日的早晨，能像在酒店一样，在卧室里吃一顿早午餐。抛开单纯睡觉的基本功能，为卧室增添几分趣味，夜间起居室的设计将有更多可能性。

创造夜晚的放松时刻

POINT 3
利用天窗创造出戏剧性的光线，隔着细框窗户可以欣赏到中庭的绿意。

POINT 1
配合家具而设计的床铺，床头上方安装了间接照明，墙面上漫反射出淡淡的光线，营造出能放松身心的空间。

POINT 2
利用收纳柜将大卧室分隔开，打造出一处夜间起居室。卧室里书架、电视一应俱全，可以让居住者充分享受睡前和假期的宝贵时光。

卧室
11.05J

夜间
起居室
9.08J

剖面图　S=1：100

2F 平面图　S=1：100

酒店式的卧室生活

POINT 1
利用透明玻璃开阔视野，将浴室和卧室合二为一，制造极度舒适的夜晚空间。

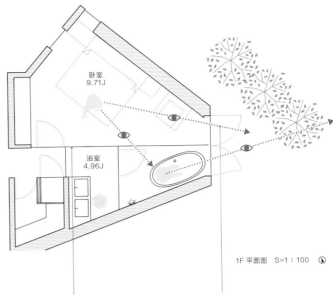

卧室
9.71J

浴室
4.96J

1F 平面图　S=1∶100

POINT 2
早晨的自然光线和夜晚的灯光照明让窗外的绿意成为空间中不可或缺的景观焦点。

POINT 3
用玻璃隔开浴室和卧室，形成紧密相连的私密空间。视觉上的通透感营造出酒店般的夜间起居和沐浴享受。

POINT 4
落地窗让人在卧室里也能看见室外的葱葱绿色，身心都能得到更深层次的释放，也带来仿若置身森林小屋般的氛围。

与星空对话

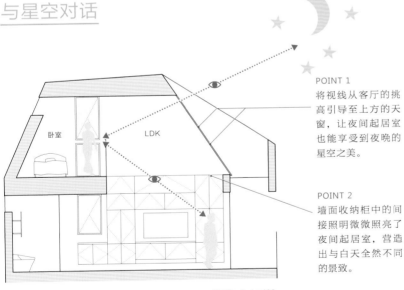

卧室

LDK

剖面图　S=1∶100

POINT 1
将视线从客厅的挑高引导至上方的天窗，让夜间起居室也能享受到夜晚的星空之美。

POINT 2
墙面收纳柜中的间接照明微微照亮了夜间起居室，营造出与白天全然不同的景致。

POINT 3
倾斜的天窗，把室内独特的照明引向室外。

POINT 4
在露台的墙壁上裁切出天窗的形状，从此便可安心享受星空美景，不必再担心视线会受到任何干扰。

08 治愈身心的密室
美体休息室

A body-lounge to enjoy a body care

无论老幼，也不分男女，现在已经有越来越多的人留意到保养身体的重要性。假如把家中的卧室和浴室设计成一处可供按摩、健身的美体空间，相信一定能让生活变得更为充实。就像厨房、卧室的设计，"美体休息室"也可以打造成一处具有沟通意义的空间。

一般来说，沐浴除了清洁之外，还具有放松身心之效。对于重视身体保健的人而言，沐浴还有给身体加热、加速新陈代谢的作用。有些人更喜欢半身浴，目的也是为了美容或塑身。此外，对一些重视睡眠质量的居住者而言，他们每天像吃饭一样做舒缓操、练瑜伽。而对夫妻、亲子之间来说，浴室也是交流生活心得的重要场所，裸露相见使身心更开放，沟通就变得更加畅通。一间好的浴室可以提供的绝不仅止于身体的保养，更是生活中精神养护的开端。

在美体休息室里享受美景

POINT 1
把浴室的窗户设计成大型观景窗，沐浴的同时享受高视野下的户外美景、疗愈身心。

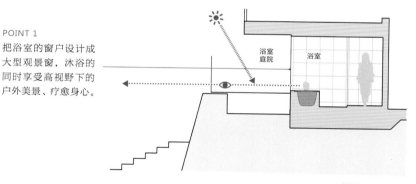

剖面图 S=1：100

POINT 3
摒弃一般的美容美体商店给人的印象，让居住者享受到不同于日常的特殊气氛。

POINT 4
把美体休息室打造成极尽奢华的视觉空间，泡在浴缸里的同时也可以欣赏到户外美景。

POINT 2
使用相同造型的灰色调瓷砖统一了洗衣间和浴室的墙面，营造出酒店般的奢华感觉。

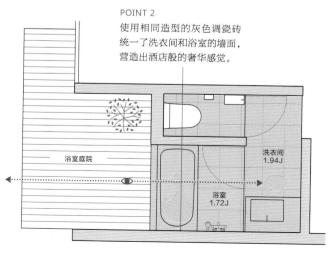

1F 平面图 S=1：60

利用露台打造开放的休息室

POINT 1
美体休息室紧邻着大露台，突显室内的开放感，沐浴后还可以坐在露台的木椅上休息。

大露台
9.61J

卧室

POINT 2
设置一扇可以清楚观望户外露台的落地玻璃门，强化了内外空间的一体性。

POINT 2

LDK

浴室
1.95J

洗衣间
1.80J

1F 平面图 S=1：60 ➲

POINT 3
美体休息室直通露台，这样的设计居住者很容易感到舒适和放松。

美体休息室和厨房相贯通

POINT 1
使用与空间同高的透明玻璃分隔美体休息室和厨房，形成一处一体空间。洗浴空间紧邻厨房可以缩短家务动线，更便于家人互动。

POINT 2
整合了洗衣机、脏衣篮的洗手台，降低了日常生活的杂乱感，也让零散的家务转变成在一个地方就能完成的工作。

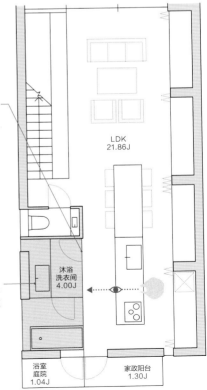

LDK
21.86J

沐浴洗衣间
4.00J

浴室庭院
1.04J

家政阳台
1.30J

2F 平面图 S=1：100 ➲

POINT 3
视线可以穿过透明玻璃，从厨房望向整个美体休息室，空间的通透感能够激发做家务的意愿。

09 只属于一个人的
超小私密空间

A micro room as a comfortable space
with privacy

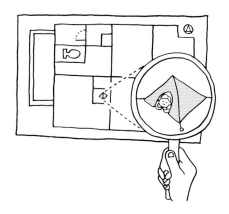

在现代住宅里，人们往往优先考虑的是孩子的房间，大人的房间沦为其次。于是，在偌大的住宅空间里，属于大人的私密空间正在日益消亡。

许多人其实所求不多，只希望能够拥有一间小小的书房而已。然而即便是3m²大小，也谈何容易。好在大多数时候，1.5m²左右的"超小空间"倒不难找到。由于提出这类需求的多半是男主人，因此设计师通常会在车库或客厅的一角，安排一处足够放置计算机和藏书的地方，再搭配一张舒适的座椅，创造出完全属于男主人个人的弹丸之地。尽管空间狭小，但却能确保隐私和心灵休憩。这间超小空间和面积远大于它的公共空间，正好互为生活的表里，两者缺一不可。

看得见爱车的车库工作室

POINT 1
利用书架让工作室兼具书房的功能。

剖面图　S=1：120

POINT 2
特别打造的一处完全不受干扰的超小独处空间。宽大的窗户既具采光效果，又能避免空间的压抑感。

车库
10.61J

工作室
2.45J

POINT 3
在车库内侧利用透明玻璃隔出小书房，男主人在小书房里可以随时欣赏到爱车。兼顾开放性和舒适感是这个设计的重点。

平面图　S=1：120

POINT 4
利用车库创造出男主人独处时的最佳空间，也是工作之外的秘密基地。

POINT 5
增设窗户采光，提高狭小空间的亮度。空间越小反而让人感觉越舒适。

让人倍感安心的阁楼小屋

摄影：APOLLO

POINT 1
倾斜的天花板营造出阁楼的氛围，可供居住者在此停留。

POINT 2
利用高度及腰的矮墙，让阁楼和楼下的客厅保持一定的距离，塑造出令人安心的独立空间。

POINT 3
可供陈列个人收藏，仿佛画廊一般的超小空间。倾斜的天花板营造出阁楼的氛围，让狭小的空间倍感舒适。

儿童房
4.58J

书房

儿童房
6.50J

3F 平面图 S=1：100 ➲

超小空间里的微型工作站

POINT 1
将计算机、打印机、书籍等所有必要物品集中放置，打造一处驾驶舱式的工作环境。

厨房

餐厅
10.65J

书房
2.25J

起居室
12.52J

露台
3.75J

2F 平面图 S=1：100 ➲

POINT 2
设在客厅一角的功能强大的超小工作站，让男主人可以在极为有限的空间里埋头工作。

POINT 3
男主人在家工作用的微型工作站。正是由于空间狭小，需要什么反而都能唾手可得。

10

让生活更舒适的
住户友好型收纳

Storage plus one in equipped
with user-friendly storage

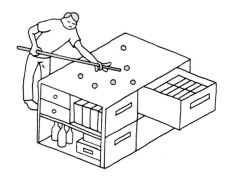

一般来说，住宅收纳空间的比例约占整体空间的百分之一。不过由于都市住宅能够有效运用的空间本来就有限，相形之下，物品就会感觉既多又杂，因此，对于收纳空间的需求也在日益增加。当然，生活简单也是种享受，然而倘若能够生活在自己爱好的事物当中，又是另一种不同的乐趣。

有些家中选择运用墙面收纳，让杂物隐而不现；有些则选择开辟专用的储藏室，将家中所有杂物集中管理。不论哪种选择，杂物毕竟不是废物，若不善加管理，便等同于暴殄天物。"储藏空间"的目的，即是为了增加住宅的收纳功能，设计好储存空间，并做适当的管理，一定可以为居住者带来更为舒适的居家环境。而如果能够在家中时时欣赏到自己的收藏，又是另外一种幸福。居住者能够随时和钟爱之物相伴左右，正是住宅设计最难能可贵的地方。

展示型收纳

摄影：APOLLO

POINT 1
不仅仅是收纳，通过展示住户喜爱的自行车，实现了令人印象深刻的嗜好空间。也算得上一种创新的玄关设计。

POINT 2
穿过玄关，走过整片连续的瓷砖地板，在进入室内以先就能看到住户喜爱的自行车展示墙。把展示墙涂成黑色，除了能够突显自行车的存在感外，也可以防止破损或脏污过于明显。

POINT 3
撤去收藏空间的门板，强调出这是一个展示型场所，避免让人联想到这是储藏室。

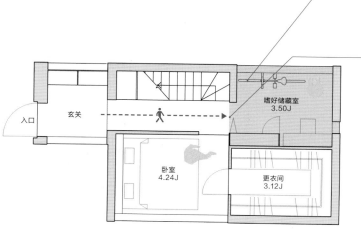

1F 平面图 S=1：80

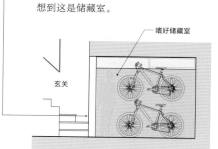

展开图 S=1：80

小型图书馆

POINT 1
移动式的书架层板，
让住户在增加打印机
之类的用品时能够灵
活应对。

工作室

展开图　S=1：80

POINT 2
走廊不仅仅只是通
道，还可以附设衣
架，拉长的动线尽
头，挪出一处舒适
的书写空间。

POINT 3
把所有的藏书集
中，做成小型图
书馆，同时设置
一个小书房。集
中管理永远有助
于提升工作效率。

儿童房
5.10J

儿童房
5.01J

工作室
2.25J

卧室
6.76J

1F 平面图　S=1：100

多用途的收纳空间

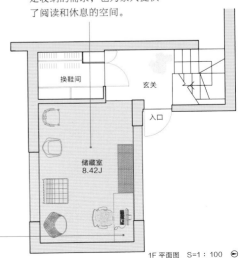

POINT 2
特别为住户收藏的艺术座椅而
设计的宽敞储藏室，既可以满
足收纳的需求，也为家人提供
了阅读和休息的空间。

换鞋间

玄关

入口

储藏室
8.42J

POINT 1
把储藏空间设在玄关旁，收纳家中各类杂物，以避免其他空间因为
杂物的堆放而破坏了原来的样貌。

POINT 3
由于预先装设了电源插座和
网络配线，储藏空间的功能
也有了更多可能，提高了住
宅使用的自由度。

1F 平面图　S=1：100

11

极致的过渡空间
连接区域

A connect area as ultimate intermediate space

遇到小户型住宅，设计师常会尽量缩短连接不同空间的走廊或通道的长度，以避免空间的浪费。然而，倘若能够把通道拉长或加宽，同样也能解决这一问题。所谓"连接区域"是指同时具有空间和动线两种含意的过渡空间，近年来这样的设计也常用于一般的住宅空间中。

譬如900mm的走廊，由于空间的限制，永远只能当作通道使用，但若增加宽度，变成1800mm，就可以在当中放置书桌，增添阅读和工作的用途。即便只能设计成130mm宽，也可增设一张长椅或书架，变成休闲和阅读的角落。

此外，通过连接区域的设计，还可以为住宅营造出一处公共空间和私密空间之间的缓冲地带，减少狭隘的印象。能够使人在不同的空间之中自由切换，正是连接区域真正的用意所在。

在公共空间与私密空间之间打造工作室

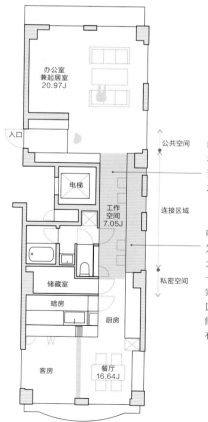

2F 平面图　S=1：150

POINT 1

在办公室和私密空间之间设置工作区，把两个不同功能的空间联系在一起。

POINT 2

为了把原本有限的空间扩大到极限，在走道边增设一张大书桌，形成一处全家人都可自由使用的工作区域。不但连接了两处功能完全不同的空间，还具有缓冲和过渡的作用。

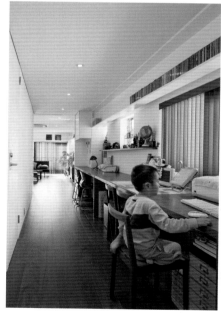

POINT 3

走廊的面积过大，当作房间却又太小。不妨设计成通道兼工作空间的连接区域，意外打造出非常舒适的缓冲地带。

楼梯边的图书馆

POINT 1

配合楼梯的纵向动线而设计的大型书柜，收纳了家中所有的CD、黑胶唱片、书籍和杂物。上下楼梯时可随时取用。

POINT 2

连接区域有潜力成为家中的核心空间，天窗的设置更提高了居住者对这一区域的向往。

POINT 4

在每一个房间外的楼梯边设置相连的书柜，为整体空间创造连续性。

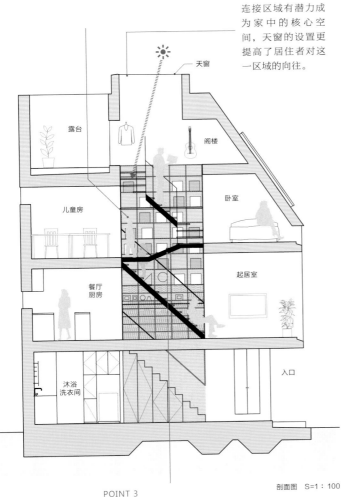

剖面图　S=1：100

露台

阁楼

儿童房

卧室

餐厅
厨房

起居室

沐浴
洗衣间

入口

天窗

POINT 3

建筑物正中央的楼梯成为联系各层空间的桥梁，也是贯穿整个空间的纵向通道。

POINT 5

从LDK望向楼梯，面前挑高8m的楼梯井看起来好像大树的树干，赋予家人以向心力。

POINT 6

在直通顶层的纵向桥梁上，书籍可随取随读，仿佛一座空中图书馆。

12 享受兴趣的休闲区
嗜好空间

A favorite area as a hobby space of a gem

人生最大的乐趣就是能够做自己感兴趣的事。住户也会特别希望家中有一处专门用来满足个人嗜好的空间。人们的生活形态有两种，一种是工作和兴趣完全分开，另一种则是他的工作就是兴趣。设计时，重点不在于他们选择了哪一种生活形态，而在于他们都希望能够更专注于自己的兴趣或爱好，以及如何才能设计出让他们忘却时间的舒适空间。

比如一处安排在车库里、可以时时看见自己爱车的书房，已经跳脱了车库给人的传统印象。类似这种提供给住户享受个人兴趣的空间，我们称之为"嗜好空间"，并且，需要这类空间的住户绝对不在少数。或许是因为现在的孩子少了，人们不再需要像过去那样，凡事都以孩子为优先。也正因如此，居住空间的设计潮流已经随着社会变迁，从"一家一住宅"，逐渐演变成"一人一趣味一住宅"了。

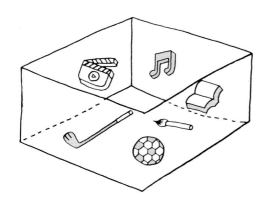

车库变身大橱窗

POINT 1
隔着一面玻璃墙，从门口和楼梯都能清楚望见车库，让住户可以从各种角度欣赏到他心中的最爱。

POINT 2
加入特殊的灯光效果，形成了一幅奢华景象，仿佛一处用玻璃帷幕围成的展示橱窗，更突显出这部保时捷的气派和价值。

POINT 3
把客厅设在车库的旁边，让生活中欢乐美好的时光都能有爱车的陪伴。

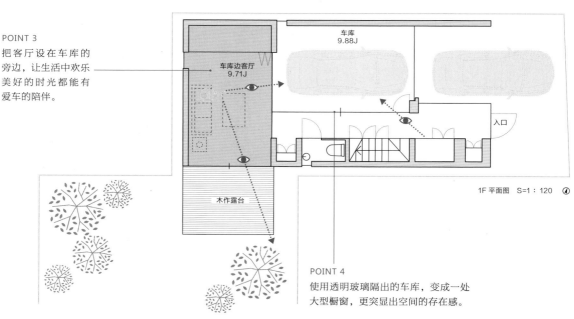

车库
9.88J

车库边客厅
9.71J

入口

木作露台

1F 平面图　S=1：120

POINT 4
使用透明玻璃隔出的车库，变成一处大型橱窗，更突显出空间的存在感。

沉迷于车库的乐趣

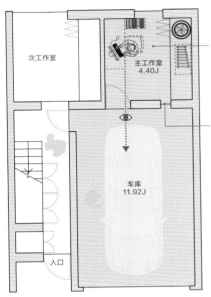

1F 平面图　S=1：100

POINT 1
一楼室内车库后方的小房间，是男主人专用的汽车工作室。室内的隔板架不仅可以收纳爱车的用品和零件，也可以当作书架使用，形成一处可供男主人埋头于嗜好的工作空间。

POINT 2
工作室内除了对外的采光和通风，完全被墙壁所包围，让屋主更能够沉浸于嗜好之中。

POINT 3
从车库内的工作室里可以清楚望见法拉利的尾灯。

POINT 4
站在清水混凝土的外墙旁，也可以看到爱车的车头。

感知四季变化的艺术工作室

POINT 3
工作室里充满了宁静和沉稳的气氛，搭配满满的露台，创造出可供住户专注于画作的舒适环境。

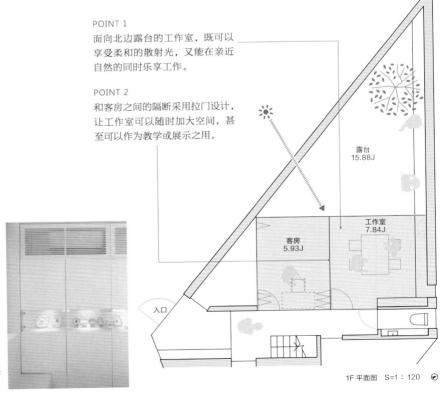

POINT 1
面向北边露台的工作室，既可以享受柔和的散射光，又能在亲近自然的同时乐享工作。

POINT 2
和客房之间的隔断采用拉门设计，让工作室可以随时加大空间，甚至可以作为教学或展示之用。

POINT 4
空调和通风扇使用格栅覆盖，让空间整齐划一，还设置了展示作品用的平台。

1F 平面图　S=1：120

13 生活中的工作
居家办公空间

Work-life mix, living with a work

要明确区分工作和生活，确实不是一件容易的事。因为工作本来就属于生活的一部分，而生活又不可能完全不工作。因此，与其利用各种技巧去割裂、区隔，倒不如试着让两者共存。即便是住宅空间的设计遇到这样的状况时，也应该根据共存的思维来设计。

现今的很多都市人过着靠商业、收租、收取学费维持生计的生活。考虑到购买土地的高昂成本，工作和生活合二为一的生活方式在都市中是再自然不过的事了。在寸土寸金的都市地区，不敢轻易选择纯居住房屋的人们占据了绝大多数，这时就可以通过设计解决这个问题。但总的来说，工作和生活相冲突的问题难免还是会发生。因此，设计师仍然需要掌握一个大原则，那就是满足居住者所要求的，只是尽可能让生活和工作兼容并蓄。

利用过渡空间区分工作和生活

POINT 1
利用玄关、楼梯及中庭等过渡空间，把工作用的音乐工作室和生活用的LDK分隔开来。过渡空间也就具有了切换工作和生活的功能。

POINT 2
采用乳白色玻璃砖把音乐工作室和玄关隔开来。玻璃砖既可透出一些中庭里的自然光线，又具有隔音和阻断外界风景的效果，以此来营造更容易专注的工作环境。

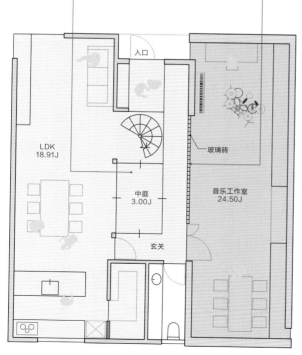

1F 平面图　S=1：120

POINT 3
相对于密闭的音乐工作室，二楼是设有天井的开放式LDK。两个完全不同调性的空间实现了工作和生活的有效切换。

POINT 4
开设的天窗让室内洋溢着柔和的光线。设计时必须特别留意音乐工作室的隔音效果。

共享中庭的 SOHO 空间

POINT 2
走在中庭边的回廊中，随处可见中庭上方的正方形私人天空。

POINT 3
特别为瑜伽教室设置了专用入口，保护家人的生活隐私。

POINT 1
这栋带有中庭的住宅把瑜伽教室设在二楼，从瑜伽教室可以看见中庭。中庭周围的隔断则采用可移动式设计，灵活地营造出私人空间与公共空间的界限。

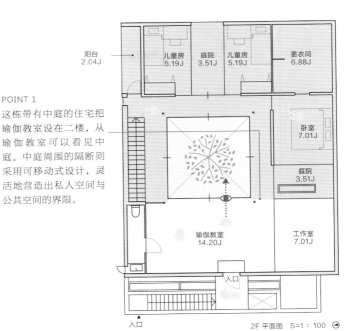

阳台 2.04J
儿童房 5.19J
庭院 3.51J
儿童房 5.19J
更衣间 6.88J
卧室 7.01J
庭院 3.51J
瑜伽教室 14.20J
工作室 7.01J
入口
入口

2F 平面图 S=1：100

在同一个屋檐下工作和生活

POINT 1
一楼是商铺，二楼是住家的复合式住宅。一楼商铺使用水泥和玻璃设计成开放式展示空间，二楼则以三合板和天井作为隔断，创造出极为清晰的私人空间，和商铺的设计形成鲜明的对比。

POINT 2
在商铺和住宅之间的楼梯上方设计了大型天窗，以此来营造开放的感觉。

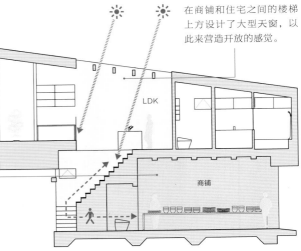

LDK
商铺

剖面图 S=1：150

POINT 3
一楼内部的墙壁采用清水混凝土，这里是一间宠物用品专卖店。

POINT 4
店内的茶水间是商铺和二楼共享的空间，表面上看似公私混在了一起，实际上这样的设计可以让老板兼主人在工作之余还能随手做点家务。

14 为将来做准备

多功能空间

An alternative space for the future

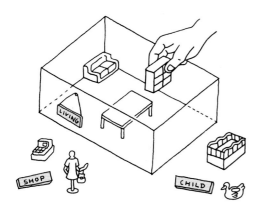

时代的流变急速而热烈，如何用更长远的眼光设计人们生活的场所，确实不是一件容易的事。在设想未来的过程中，设计师其实很难预见将来到底是什么样子。不过，正因为我们连明天是什么样都无法预料，倒不如定睛于现实，设计好眼下所能想到的一切，也就是所谓"多功能空间"的概念。换言之，就是一种非固定功能的空间。

比如一个房间既可以当作儿童房，又可以随时改成父母长辈的卧室，甚至还能摇身一变成为出租套房，为自己增加一点收入，说不定还可能直接拿来当作自家的办公室。现代人所需要的，正是这种具有多种可能性的空间，也可以说是在这不安定的时代里的一种生存变通之道。

设计多功能空间的重点在于，通过为住户寻找各种可能性的解决方法，避免生活中突然出现尴尬境地。防患于未然，而不是向混乱的现实妥协。

房间的分隔计划

POINT 3
这是从客厅望向三楼的开放式多功能空间，未来作为儿童房使用。

POINT 1
目前阶段是将这个空间按照儿童房设计，为了将来能隔成两个小房间，已经预设好隔断的方式和家具，还有房间的大小和开窗形式。

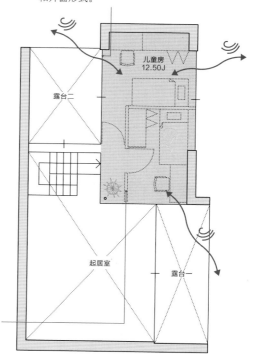

POINT 2
初期可供居住者自由使用，待孩子出生、稍大以后，再改成儿童房，之后还可以改成起居室，是个名副其实的多功能空间。

2F 平面图　S=1：120

POINT 3
即便空间再小也要努力构想，利用良好的地理位置，将一楼设计成商铺，拓展了住宅未来的可能性。

将一楼作为出租店面

POINT 4
住宅正好位于街角，有规律的开窗设计营造出商铺和建筑主体的一致性。

POINT 1
设计塔形住宅时，可以把一楼作为商铺出租，未来可再改成儿童房或独立套房。倘若住宅的地段不错，未来租金还可能上涨，也有助于家庭经济的开源。

POINT 2
把重点放在外观设计上，而不在狭小的住宅内部大做文章。

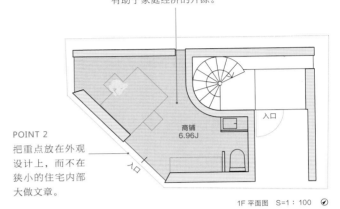

1F 平面图　S=1：100

利用玻璃隔断创造可能性

POINT 3
由于地点位于人流量较大的商店街，一楼的用途远大于纯住宅区域。

POINT 1
儿童房里的更衣室采用容易拆卸的木质板材。为了方便未来改成咖啡厅，在更衣室内的水泥墙上预留了通风口。

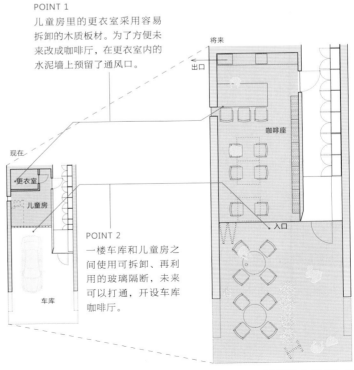

POINT 2
一楼车库和儿童房之间使用可拆卸、再利用的玻璃隔断，未来可以打通，开设车库咖啡厅。

POINT 4
除了钢筋混凝土的结构部分，全面采用可拆式建材，以方便未来改建或整修。

1F 平面图　S=1：120

15

在日常和度假模式间切换
室外休息室

An outdoor lounge as a leading role
of non-every day

在自己的家中就能体验到户外休闲的乐趣是很多人的愿望。因此，设计师在设置紧邻客厅或餐厅的屋外空间时，就需要格外留意，把内外空间联系起来。所谓设计"室外休息室"，既是把室内生活向外延伸，也是利用自然界的四季更迭营造生活的多样性。

连接内外两个空间时，敞开中间的门或窗，就会形成一处过渡空间。统一内外地板的高度，并在室外摆设户外家具，也可以起到让内外产生自然连续性的作用。这样的创意不仅可以带领居住者把生活从室内延伸到室外，更可以为他们创造出日常生活中的户外休闲乐趣。室外休闲区已然是现代住宅的必需空间，也是丰富生活画面的有效措施。

在家享受露天浴的乐趣

POINT 3
踏入这块私人空间，居住者会立刻忘掉自己仍身处都市之中，瞬间切换到度假模式。

POINT 1
在客厅旁的露台内设置一座大浴缸，享受露天浴的乐趣。水满时浴缸内的青绿色也成了客厅装修的一部分。

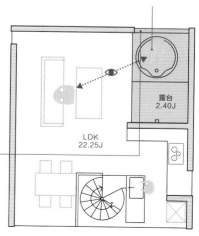

露台
2.40J

LDK
22.25J

POINT 4
设计的重点在于平衡日常的生活感和假期的放松感。露台作为室外休闲区，完全可以活用作度假基地。

POINT 2
外墙适度地包围起浴缸，上方完全开放，形成高度隐秘的室外休闲空间。

2F 平面图 S=1：120

有中庭的惬意生活

POINT 1
被众多房间环绕于中央的中庭，是这栋住宅里的室外休闲空间。沐浴时，它是一个浴室独特的景观；人在客厅时，又变成室内的外部延伸，处处皆可享受到绿色。

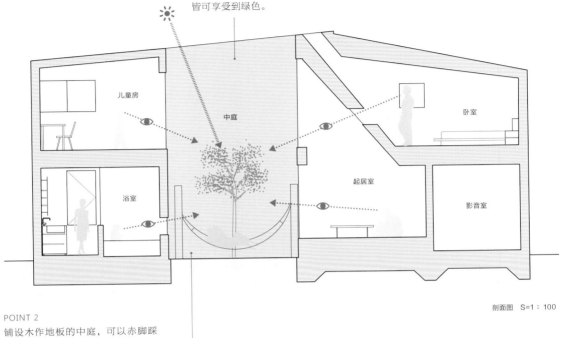

儿童房

中庭

卧室

浴室

起居室

影音室

剖面图　S=1：100

POINT 2
铺设木作地板的中庭，可以赤脚踩在上面。内外界限暧昧的中庭空间，既可用来欣赏美景，又可作为各种休闲活动的场所。

POINT 3
随性地坐在木地板上聊天，休闲地躺在吊床上阅读，再摆个火炉烤鱼饮酒，或者是放个塑料小泳池和孩子们嬉戏。室内办不到的，在这里可以尽数实现，这也正是室外休息室的妙处所在！

POINT 4
设置在住宅中心的室外休息室一景，成为了制造各种不同场景的触发媒介，也为日常生活提供了更多情调和想象空间。

16

打破内外空间的界限
全景式落地窗

The full open window
which gently connects inside and outside space

住宅的开窗除了开阔视野，还具有采入自然光线和新鲜空气的作用。窗户的种类很多，其中一种可以弱化内外界线的类型就是所谓的"全景式落地窗"。需要出入时可以采用推拉门，全部推开时，室内和室外的分隔线完全消失，整个空间也就没有了内外之分。就像日本传统建筑里的推拉门一样，可以弹性控制空间的分隔，空间也变得更方便使用，随心所欲。

全景式的落地窗有点像外廊的效果，让室内向室外延伸，又有点像日本传统的"土间"，将室外空间引导至室内。只要设计得当，一扇窗户就可以给居住者带来室内外的一体感。四季的变化在内与外转换之间交融，让住户感受到更为舒适和多样化的居住空间。

全景式窗户让露台和室内合为一体

POINT 2
把客厅对外的门窗设计成全景式的落地推拉门，大大消除了内外的界限，让人感受到空间的无限宽广。

POINT 1
落地推拉门上方是无框的窗口，全透明可见的室外风景提高了室内的开放感。

玄关　　LDK　　露台

剖面图　S=1：120

POINT 3
利用全景式设计，把内部空间和室外的露台合为一体。落地窗上方采用无框透明玻璃窗，也为室内的天花板带来了自然的光影变化。

POINT 4
除了正面，侧边也采用无框窗口，为天花板营造出轻盈和漂浮的印象。

透过全景落地窗眺望海洋

POINT 3
特意拉低了天花板高度，让居住者更容易感受到水平方向展开的风景。天花板采用松木制成的横梁，和室外的松树相呼应，营造出日式建筑特有的氛围。

POINT 1
可以整面完全打开的全景落地窗，营造出一幅绝佳的风景画。

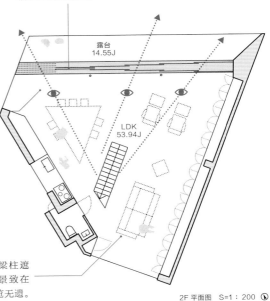

POINT 2
尽可能减少梁柱遮挡，户外的景致在客厅便能一览无遗。

2F 平面图 S=1∶200 🕐

全景式与封闭式的组合设计

POINT 1
利用一层露台的三面围墙确保了室内的隐私性，也让二层原本不可能的全景式落地窗变成可能。

POINT 2
为了使室内地板外延，露台的地板采用格栅铺设而成，一方面阻断了来自一楼的视线，同时也不妨碍一楼采入自然光线和空气，确保室内的舒适性。

POINT 3
在高密度住宅区里，想要拥有一大扇外开窗何其困难。因此，设计师利用一层围墙打造出二层全景式的视野，让原本的不可能成为可能。

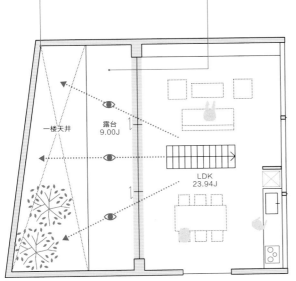

2F 平面图 S=1∶120 🕐

17 营造轻盈的景观
超级悬挑结构

A super cantilever to make a scene

住宅的第一印象来自于外观，可以说，外观是关系建筑物印象的决定性因素。上大下小的体态（悬挑结构），就像是在直接对抗地心引力，整体上会给人一种轻盈、漂浮的印象。这种单向支撑的结构所建造的"超级悬挑设计"，在创造独特造型的同时，由于建筑物本身也会形成一处景致，因此设计时还必须考虑到周边的环境。

一般来说，设计师之所以采用单向支撑，是为了有效利用建筑物下方的室外空间。譬如想在有限的土地上多停放几辆汽车，通过这种设计即可减少梁柱，增加停车面积。倘若把悬挑建筑正面的墙壁设计成倾斜状，建筑内部的灯光就可以照亮前方的停车场，同时因为具有遮雨的效果，停车场在不停车时，就变成了孩子们玩耍的空间。倘若把建筑正面设计成一面全景式的落地窗，户外的风景就被引入了室内，开阔室内的视野。总之，悬挑设计的特色就是能让建筑的内部和外部空间互相得到改善，一举两得。

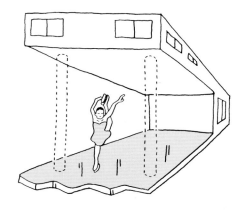

格栅式悬挑让建筑变得轻盈通透

POINT 3
仿佛失去重力的悬挑露台，给人轻巧却稳重的印象。黑色的木格栅外观极为细腻，为住宅正面增添了韵律感和独特的表情。

POINT 1
为了确保车库出口拥有最宽敞的空间，梁柱仿佛成了设计时的阻碍。把二楼的露台外推，做成悬挑设计是最佳的解决方案。

POINT 2
既能阻断来自下方的视线，又能够为室内带来开放性的格栅式设计，完美体现出超级悬挑结构给人轻盈印象的优点。

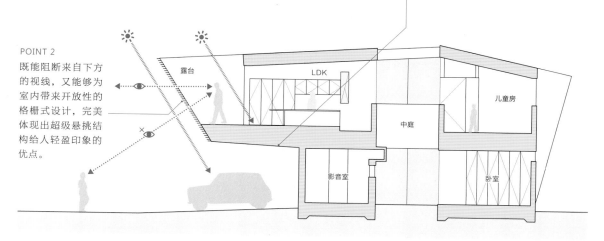

剖面图 S=1：120

倾斜式悬挑设计
突显建筑的存在感

POINT 3
入口上方采用木作格栅做贴面，营造出建筑正面的雄伟力道。

POINT 1
为避免车库太过阴暗，把悬挑设计成斜角，二层是一座室内露台。斜角的形态打造出气势十足的建筑立面。

POINT 2
通过北美香柏树的长木板和清水混凝土的强烈对比，强化了建筑本身具有的造型张力。

LDK

POINT 4
色彩出挑的北美香柏木板也突显了建筑本身的存在感。

剖面图 S=1：200

POINT 3
夜晚白色的阳台透出室内的灯光，成功地营造了一幅美观又温暖的画面。

不同材质相结合
突显出悬挑设计

POINT 1
一楼地基采用混凝土建造，二楼以上改为钢结构。向外挑出的立面呈喇叭形，居高临下的布局令人印象深刻。

POINT 4
在构造牢固的基础上，地板、墙壁、天花板的前端全面采用薄型化设计，让阳台的造型显得更为鲜明。

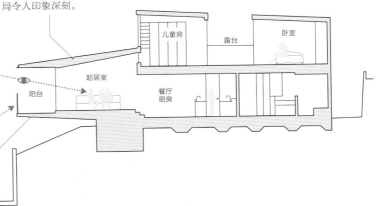

儿童房　露台　卧室
起居室
阳台
餐厅
厨房

POINT 2
为了使外观更有特色，设计师特意关注了屋檐和栏杆的设计，两者形成强烈的对比。

剖面图 S=1：200

18 街道的新韵律
不对称式外立面

A random facade to give a rhythm to a town

住宅建筑的外立面就好比人的脸，是整个家的象征。因此，整体设计的成败，外立面可以说是至为重要的。好的外立面设计必定品位出众，给人的印象也历久不衰。设计的重点除了必须考虑到地段和选材，还应该避免过于整齐划一，造成生硬或单调的印象。

也因此，相对于左右对称的传统式设计，"不对称式立面"是设计师发挥设计理念所完成的艺术品。譬如外立面开窗的节奏感，以及外墙装饰细节之间的平衡感和创意。尤其在一些特别规整的街区，就非常适合这类不对称的立面设计，借此为四周创造新的亮点，营造出全然不同的视觉韵律。此外，更重要的一点是，它能够为住宅创造出一张百看不厌的"面孔"。

利用不对称外立面发挥地段优势

POINT 1
特殊设计的窗户造型和墙壁组合，搭配锐利的水泥折角，突显出建筑物本身的厚重感和生动的印象。

POINT 2
由窗户和墙面组合而成的棋盘格式外立面，为原本杂乱的街区赋予了一种轻快的韵律。同时，三个立面上的窗户也可以给室内一种全方位的视野。

使用不同材质
表现非对称立面

POINT 1
配合挑空的不对称开窗，让室内在不同时间段都能导入自然光线。

POINT 2
利用不同的材质营造出远近感和非对称性，让外立面的设计更具立体感。露台的木格栅、镀铝锌钢板的外墙、飘窗的透明玻璃，这些不同的素材塑造出动感而又平衡的魅力。

用细长窗口
创造立面的律动感

POINT 1
简洁的设计反而更突显出正面的可看性。让人印象深刻的清水混凝土搭配带有节奏感的窗户，形成一面轻快且具亲和力的立面设计。

POINT 2
在舒适的客厅前设置一面横向的窗口，又在刻意强调高度差的挑空立面安排了一面纵向的窗口。不同形式的窗口设计，为居室带来了不同的光线。

最极致的空中平台

观景台

An outer stage
as the best balcony-seats

在自家住宅里设置一处可媲美剧院VIP包厢的"观景台"是许多人的梦想。站在观景台可以眺望远方的美景，欣赏夏日的烟火，具有放松身心的效果。

观景台还能增添居住者的生活乐趣，在平凡的日常生活中加入非日常的场景，提高生活的质量。观景台可以铺设木质的地板，也可以利用草坪赋予地板生动的表情，突显观景台的特性。特别是较难取得庭院空间的小型都市住宅，紧邻室内的观景台其实就是一处休闲庭院。即使住宅的面积很局促，也不要放弃对更好生活的追逐和向往。

漂浮在海边的观景台

POINT 2
设计时注意让木质露台看起来比实际更为舒适、宽敞，再搭配上装饰和功能兼备的雨遮和照明，营造出一处绝佳的"VIP包厢"。

POINT 1
从客厅可以穿过木质的露台眺望海景，仿佛住宅本身就是个观景台一样。

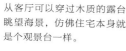

POINT 3
面朝太平洋的木质露台，本身就是享受海风的私人包厢。

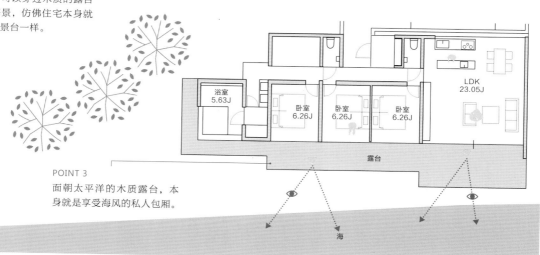

浴室
5.63J

卧室
6.26J

卧室
6.26J

卧室
6.26J

LDK
23.05J

露台

海

平面图 S=1∶300

漂浮在山坡的观景台

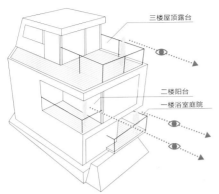

三楼屋顶露台
二楼阳台
一楼浴室庭院

POINT 1
利用居高临下的地理位置，为每一个楼层都安排了可供观景的露台。从不同的楼层可以看到不同的风光景致。

POINT 2
三楼的观景台由于居高临下，可毫无阻碍地眺望远方风景，连市区也成了三楼取景的一部分。地势高的住宅优点不言而喻。

POINT 3
住宅正面朝北，采用大型的透明玻璃窗，居住者丝毫不必担心光照不足，还能享受到更为宽广的风景视野。

都市悬浮观景台

POINT 1
利用高低差所设计的二楼沉降式露台，特地营造出一种舞台效果。

POINT 2
能够眺望都市风景的观景台，仿佛就是一处疗愈身心的私人空中庭院。

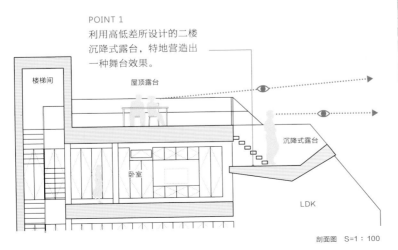

楼梯间
屋顶露台
沉降式露台
卧室
LDK

剖面图　S=1：100

20

"隐于市"的都市一隅

屋顶平台

A roof lounge as an urban hiding place

都市住宅的设计项目中，设计师常会被问到该如何有效运用屋顶的空间。其实，我们完全可以放弃传统的斜屋顶，改为可以供人穿行使用的露台式屋顶，一处"屋顶平台"就诞生了。倘若再把屋顶和室内连起来，就是非常舒适的室外休闲空间。如何联系起屋顶平台和室内空间乃是设计关键，因为屋顶平台一旦和室内空间有隔阂，屋顶往往就会沦为堆放杂物的仓库。

设计屋顶平台和设计观景台一样，在庭院空间可遇不可求的都市住宅里，往往能发挥意想不到的效果。既可以享受高景观，又能够避开周围人的视线，确保个人隐私。家里来客人时，倘若室内拥挤，也可以利用屋顶作为招待宾客之用。屋顶的开放空间与头顶的天空和脚下的闹市都保持了一种安全而又合适的距离感。

屋顶平台和客厅连在一起

POINT 3
由于露台的地面和客厅的地板紧密相连，居住者会更有走进屋顶平台的愿望。

POINT 4
采用斜线分隔，让相连的客厅和屋顶露台不像完全不同的两个空间，而是一个整体。从玻璃隔门上方的窗口射入的光线反射到客厅的天花板上，让室内笼罩在柔和的自然光线里。

POINT 1
露台也采用了和室内一样的白色墙面、原木地板，让屋顶空间变成客厅的延伸。

POINT 2
围墙确保了屋顶平台的私密性，并运用透明落地窗，让客厅更具开放性。

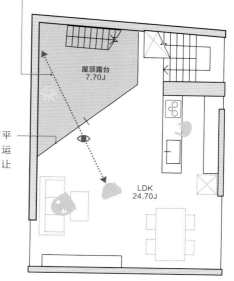

屋顶露台
7.70J

LDK
24.70J

2F 平面图　S=1：120

在屋顶平台品味生活的摇曳

POINT 1
为了不让厨房和客厅的生活气息破坏屋顶平台的气氛（譬如客人来访时），特别把晾衣区设在楼上的小露台上。通往露台的楼梯如同装置艺术，和屋顶空间的景致融为一体。

POINT 2
为了营造视觉上的连续性，屋顶平台和室内之间不用墙壁隔断，而改以L形的透明落地窗作为分隔。支撑屋顶的梁柱则隐藏在落地窗的外框里，避免打断连续的视野。

POINT 3
为了创造空间的私密性，刻意用高墙把屋顶平台包围起来。

屋顶露台
13.20J

LDK
17.26J

2F 平面图　S=1：100

POINT 4
偶尔呼朋引伴来家里聚会，或者当作平日阅读的休息区。屋顶平台好比全能运动员，用途多多。

POINT 5
利用透明玻璃围成的通道，把客厅、厨房和屋顶平台连成一体。

POINT 6
利用高墙让居住者倍感安心，品味吊床摇曳、仰望天空的生活美事。

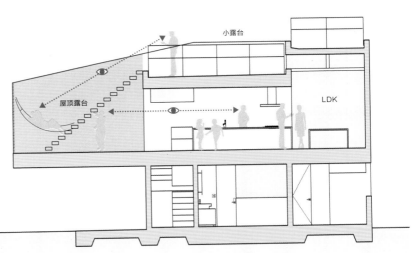

小露台

屋顶露台

LDK

剖面图　S=1：120

3

ELEMENT

构成空间的要素

ELEMENT

01

与空间融为一体的
定制家具

Order-made furniture to
harmonize with space

住宅设计中，除了可以使用成品的家具摆设，还有一种专为不同空间量身定做的定制家具。定制家具可以让不同大小、用途的空间产生更完美的协调性和实用性。家具本身就能突显空间的用途，还能够为空间营造出独具一格的印象。因此，和住宅一样，居住者对定制家具的功能、安全及美观都会有要求。换句话说，定制家具就好比在住宅内另行设计一栋小型住宅。

近年来，许多定制家具还加入了间接照明，借以强调家具本身的存在感。此外，细致到毫米的细节设计，也增添了家具和空间的整合性，能够产生浑然一体的效果。作为收纳影音器材和书籍的收纳柜，选择定制家具可以自由控制大小和容量。总之，可以根据个人生活方式打造的定制家具，不仅可以紧密结合生活和空间，更有助于提高空间的实用性。

可移动式榻榻米
打造个人的独特生活风格

POINT 3
倘若居住者对于客厅地面是采用木地板还是榻榻米犹疑不定，这里更推荐可移动式榻榻米。除了平日休憩，客人来访时，榻榻米还可当作聚会用的座椅。

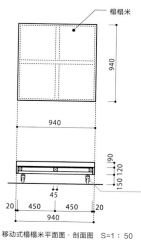

榻榻米

940

940

150 120 90

45

20 450 450 20

940

移动式榻榻米平面图·剖面图 S=1：50

POINT 1
为了便于移动榻榻米，特别在下方安装了承重脚轮。

POINT 2
没有布置沙发，而选以四片组合的可移动式榻榻米，让家人坐卧皆宜，并且和整个墙面的书架相呼应，随取随读，好不自在。

电视柜也是房间的隔断

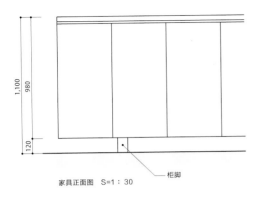

家具正面图 S=1：30

柜脚

POINT 1

客厅电视柜的设计，除了满足收纳家中琐碎物品的需求外，还能够收入电视、空调等家电。配合物品尺寸量身定做，正是定制家具最大的优势。

POINT 2

电视柜除了用来分隔客厅和楼梯空间，也身兼栏杆的作用。由于体积较大，设计时应尽可能让电视柜看起来轻巧，避免让人感觉到厚重。

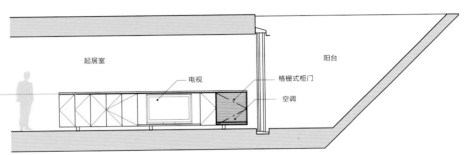

起居室 电视 格栅式柜门 阳台 空调

剖面图 S=1：100

楼梯下方的大件物品收纳区

POINT 2

楼梯下方的收纳柜采用隐藏式设计，从外侧看起来像墙壁一样，给人干净整洁、毫无阻碍的印象。特别是搬运大型物品时，更能体现出这一设计的优势。

POINT 1

楼梯下方的空间深度是800mm，最适合用来收纳一些衣柜摆不下的大件物品，譬如旅行箱、高尔夫球袋、宠物笼等。

帽子

佛龛

空调机

雨伞

大雨伞·高尔夫球袋

宠物用品

宠物笼

清洁用具

展开图 S=1：50

ELEMENT

02

拓展空间功能的

可变式隔断

An internal frame
to enhance functionality

门扇、墙壁既可以作为房间的隔断来出现，也可以区分公共空间和私密空间，或者是创造一个过渡空间。尤其是折叠门和推拉门等具有高度可变性的隔断，除了能自由切换空间属性，也有助于拓展居住空间的功能，为住宅创造出更多的用途。

移动式隔板一定要与空间相协调，这一点很重要。平常这些隔板或藏在墙壁里，或者和墙壁合为一体，完全看不出来。待需要时才会拉出或拖出，既具功能性，又不失美观。因此，细致的做工、与空间协调的材料和颜色非常重要。

此外，金属配件的使用也会突显设计师和居住者的品位。由于功能和细节的发展日新月异，在设计和选材时，不妨多多留意新产品和新技术。可变式隔断的设计和创意将会为住宅空间带来更多新的可能。

POINT 3

暖气可以循着天井从楼下传到楼上，而冷气也可以从楼上传到楼下。设计师很重视视觉效果，因而不用封闭式的楼梯间，以降低空间的沉闷感，让空间更具连续性和宽敞感。

POINT 2

选用玻璃屏幕的好处在于，父母可以直接从楼下看到孩子的情况，随时关注。

玻璃隔断调节室温

POINT 1

天井和儿童房之间采用玻璃屏幕，而不用墙壁隔断，既能够保留视觉上的连续性，又能阻挡暖气外流。

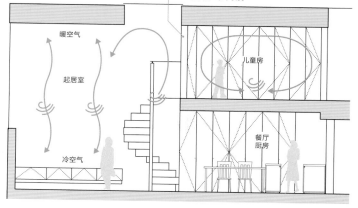

剖面图　S=1：100

移动式隔断

随心切换

POINT 1
因为白天要被用作办公会客室，客厅和走廊之间安装了可移动式隔板，让住户根据情况随时打开或闭合。

POINT 2
减少隔断墙可提高空间的使用效率。采用地板上没有滑轨的悬吊式推拉门，美观实用又能随心所欲切换成需要的空间用途。

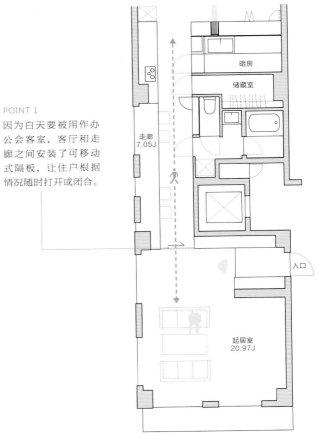

暗房
储藏室
走廊 7.05J
入口
起居室 20.97J

2F 平面图 S=1：80

可移动式隔断

契合家的生活形态

POINT 1
利用移动式隔断隔出四个房间，可以依照当时的需求，随时切换。孩子小的时候，收起隔断变成一个大卧室；孩子长大后离开家，再切换成男主人的小书房，或者把两个房间合并成父母的卧室。自由切换丝毫不费工夫。

POINT 2
采用通高式隔断，高度与室内层高相同。颜色和材料与柜子相同，空间完全融合。安装嵌入式的隔板滑轨，和天花板合为一体，展开时不会造成任何视觉上的阻碍。

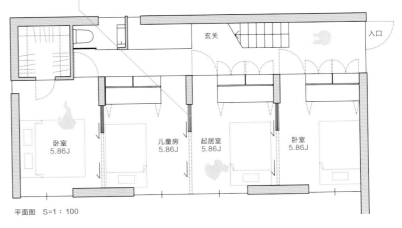

玄关
入口
卧室 5.86J
儿童房 5.86J
起居室 5.86J
卧室 5.86J

平面图 S=1：100

03 创造过渡空间的
外部隔断

An external frame
to make intermediate space

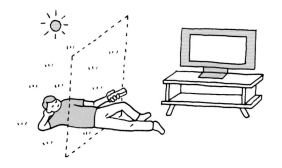

想要在室内和室外之间设置一个成功的过渡空间，采用外部隔断尤其重要。全开式的推拉门一来可以省却窗户，二来可以毫无阻碍地看见室外的风景。若想营造出空间的一体感，可以利用无框式外窗，安装透明玻璃，形成一整面的透明玻璃墙。这个方法最常用在面对中庭的窗户上。天窗的设计方面，可以利用透明玻璃，减少屋顶带来的压迫感，直接导入户外天空的景色，使人在室内却仿佛置身户外。

居住空间基本上都是封闭的，正因为如此，对外开口的设计会直接影响室内空间的感觉。换言之，如何让居住者能够在室内享受到户外的美景，正是外部隔断设计的关键。在设计户外隔断的同时，设计师还必须试着让身在户外的居住者忍不住去想象室内的氛围，如此才能设计出外部隔断的极品之作。

木框推拉门将户外引入室内

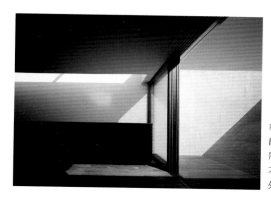

POINT 2
配合家具的格调，把木制的窗框染成炭黑色，不着痕迹地把室内和户外串联在一起。

POINT 1
采用三面落地式玻璃的木框隔断，不打破露台和室内的延续感，形成一处贯穿内外的过渡空间。

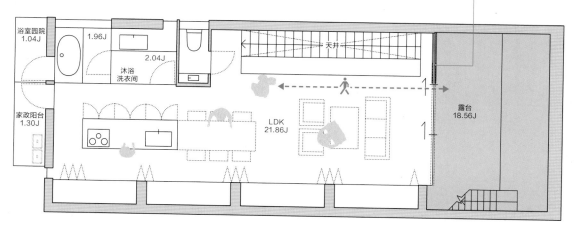

2F 平面图 S=1：100

用玻璃和格栅
打开居住者的视线

POINT 2
围绕着中庭的落地窗，采用超薄窗框的大片玻璃与推拉门组合而成，让内外合为一体。

POINT 1
利用格栅，让夜晚室内的照明若隐若现。格栅的间距只有5mm，所以能确保室内的私密性。

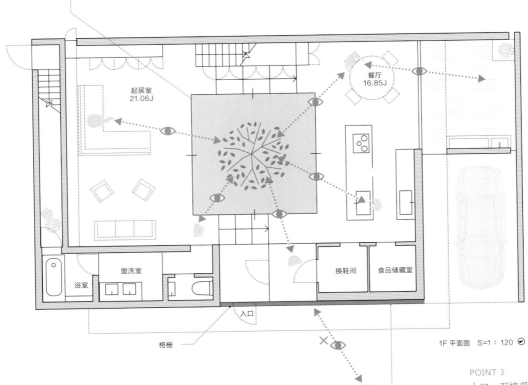

起居室
21.06J

餐厅
16.85J

浴室　盥洗室　换鞋间　食品储藏室

入口

格栅

1F 平面图　S=1：120

POINT 3
入口一面墙采用高密度格栅，降低了室内的封闭性。由于从外头仍可窥见室内，对身在室外的居住者而言，这片格栅即是一面过渡空间。

POINT 4
透过大面积的落地窗，可以清楚看见中庭里的景致。落地窗除了必要的结构部位，尽可能减少阻碍视觉的窗框，既能让中庭的风景得以一览无遗，也大大提高了室内和室外的连续性。

ELEMENT

04 空间氛围的塑造
地板、墙壁、天花板

Materials as floor, wall, ceiling
to make atmosphere

居住空间是由地板、墙壁、天花板三大元素所组成的，因此，我们在设计时必须同步考虑这三大元素，才能营造出一体化的空间印象。反之，如果只注重其中一或两项要素，设计的最终效果往往失之千里。

地板方面，由于之后会摆放家具和地毯之类，因此还必须考虑物品摆设后的平衡感。墙壁方面，因为是人们最容易看到的空间元素，设计时应该时时作为重点。许多人习惯上认为天花板上露出的物品越少越好，其实无须刻意把照明灯具或空调设备嵌入其中，只要位置得宜，照样可以给人简洁有力的印象。因为居住空间是由上述元素所集合而成，虽然设计时难免会分别考量，但是仍必须时时留意整体的协调情况，才不至于在最后产生突兀的效果。

POINT 1

深灰色的光面混凝土衬托出不锈钢餐桌、大屏幕电视的存在感，同时也为整个空间营造出独特的氛围。

清水混凝土打造灰度空间

POINT 2

直接采用清水混凝土的墙面和天花板，为室内空间营造出一股硬朗、沉静的气氛。为了衬托地毯和沙发的颜色，地面大胆采用水泥粉光地板，加上黑色的定制家具和炭黑色窗框，让空间中的黑灰色调更为明显。

露出的木梁
与空间形成对比

POINT 1

天花板用薄木板制成细梁直接外露。细梁仅涂上清漆，利用原木的纹路和白墙形成对比，营造出柔和且鲜明的景致。

POINT 2

这是天花板最顶端和屋梁的交会处。利用两片厚12mm的金属板把几部分钉合，外观看起来像纯木造，实为钢筋结构。平行排列的薄木板细梁采用SPF木材，细致的纹理为室内空间创造出更为丰富的细腻感。

利用柳桉木
统一空间

POINT 1

墙壁、天花板和收纳柜一律采用柳桉木，再搭配上胡桃木地板。除了地板，用材全部统一，连墙壁也只涂上清漆，以此衬托出室内的质感，同时和深色天花板形成绝妙的对比。

POINT 2

楼梯下方的收纳空间和开放式层架统一采用柳桉木，为整栋建筑营造出和谐的氛围。

05 住宅的表情
外墙选材

External materials
with variety expression

住宅外观给人的印象，屋顶和外墙起了决定性作用。特别是外墙，直接呈现了住户对自家住宅的品位，选材时需要仔细斟酌。此外，也要与周边环境相协调，即便房子是盖给自己住的，也不可以任意选择材料。能够融入周边环境的住宅，通常都会给人相当程度的好印象，不会产生突兀感。

倘若住宅位于特定的防火地区，设计时还必须选用防火材料。由于防火规定一般较为严格，建造成本相对提高，因此也必须在事前留意建筑预算的分配。而在严寒地区和沿海地区，外墙则必须经过特殊的隔热处理。总之，外墙的选材必须因地制宜，绝不能生搬硬套。此外不论选材如何，外墙会有定期整修的必要，选材前也应该把保养维护的成本纳入考虑。

POINT 4
一楼使用杉木做成外墙表面，二楼则经过光触媒涂装。通过楼上、楼下不同的外立面处理手法，住宅看起来就像是堆放着两个大箱子。杉木裸墙和格栅式大门则刻意强调了建筑的水平尺度，突显出墙面的宽广和延伸性，营造出正立面丰富的表情。

有效组合不同的素材

POINT 1
将花旗松木板涂刷成黑色，制成有光泽的格栅正立面，展现出大门的稳重。

POINT 2
经过光触媒涂装后，原本大体块的白色正面反而给人轻盈、漂浮的感觉。

POINT 3
使用杉木做成的水平线条感突出的外墙，是为了强调大门的宽敞和气派。

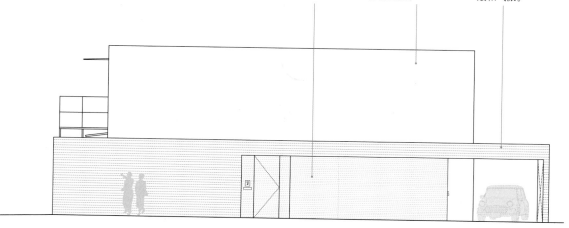

立面图 S=1：120

ELEMENT
06　生活的更多样貌

露台

A balcony to diversify

室内空间已经不能完全满足人们对于居家生活的期许了。不妨把室外空间也纳入生活考虑范畴，室内空间才有更大发挥余地。而联系室内和室外时，最重要的一点就在于露台的设计。露台的种类主要有四种，较常见的是把楼下的屋顶当地板的"屋顶式露台"和本身完全独立的"挑出式露台"。另外还有常用于都市区住宅和部分受建筑覆盖率限制地区的"镂空式露台"，以及被高墙围起、类似中庭感觉的"内部露台"。内部露台倘若使用全开式透明玻璃当作围墙，同样可以把外部的景观导入室内。

不论选择哪一种露台，因为露台的形式会直接影响住宅正面给人的印象，因此，设计时除了考虑合理联系室内和室外，更需要留意外观和周边环境的协调。当然，防水与排水的处理以及地板的选材仍旧是最基本的要求。以此作为基本前提，结合合理的结构和用途，才可能设计出最契合居住者需求的好住宅。

透光通风的镂空式露台

POINT 3
镂空式露台透过来的柔和光线，直接照亮了浴室空间。

POINT 2
让受到建筑覆盖率严格限制的低层住宅也能够享受宽敞空间的镂空式露台，由于地面可以透光通风，所以不会影响楼下住户的光线和空气的流通。

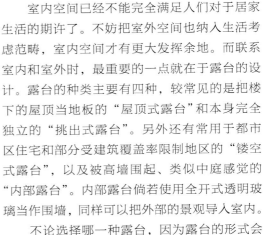

POINT 1
不锈钢制成的镂空式露台，因为透光又通风，所以能够自然而然地联系起室内和室外。

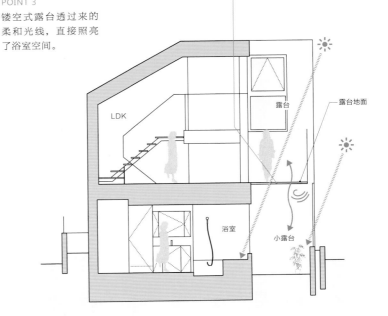

剖面图　S=1：100

ELEMENT

07 在家中感知四季与时空

庭院

A courtyard as spatial accent

日本人和庭院的关系向来密不可分，且随着时代的发展而不断在改变。譬如郊区常见的坐北朝南建筑中，会在南面设计一处庭院，或者在连续的长屋建筑中保留一处中庭或小庭院，都是前人为了增加室内采光的匠心。从室内望向庭院里的花草树木和山水铺石，心中不禁泛起无限的想象，那儿仿佛就是禅寺里的石庭，内中自有"小宇宙"。能够唤醒人们关于外部世界的联想，正是日本庭院的一大特征。

此外，可以从浴室观看风景的小型内庭让浴室既不失隐秘性，又能够充分享受到自然风光。近年来，铺设草皮的屋顶花园也备受居住者喜爱，而泥土的隔热效果也的确超乎想象。唯一令人担心的是防水问题，不过只要做好防水施工，屋顶花园并非遥不可及。只要根据实际情况，选择合适的庭院形式，一定会为居住者带来许多意想不到的乐趣。

中庭贯通内外空间

POINT 1

每一间面对中庭的房间都拥有不同的视觉享受，同时能品味四季变化带来的不同风貌。

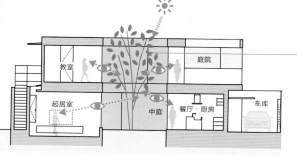

剖面图　S=1：250

POINT 2

在双层建筑的中央设置中庭，并在中庭里种植能让居住者清楚感受到大自然的标志树。整个空间以标志树为中心，滋润了居住者的心灵和生活。

利用采光庭院
烘托空间特色

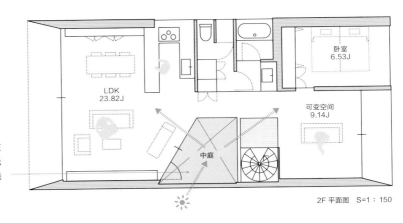

2F 平面图 S=1：150

POINT 1
在狭长型的住宅空间里安排一方采光中庭，让自然光线照亮每一个角落。

POINT 2
采光中庭面积虽小，却能够同时烘托出一楼停车场和二楼居住空间各自不同的特色。

POINT 3
二楼因为设置了梯形采光庭院，将自然光线全面纳入室内，空间也变得更为宽敞、更具层次感。

使用格栅围栏
打造外廊式庭院

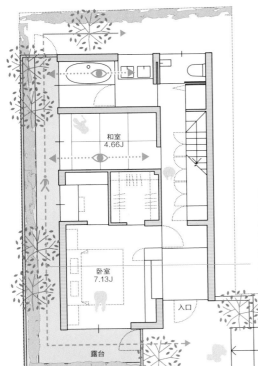

平面图 S=1：120

POINT 2
采用格栅围栏与外部隔离，形成气氛绝佳的住宅室外空间。面积虽小，只要多用点心思，一样可以为狭小的空间创造出独特的风味。

POINT 3
从和室里可以清楚望见以格栅围栏作为背景的绿色花园。小型植栽与小型和室相呼应，地上的格栅栈道也颇具日式建筑特有的外廊氛围。

POINT 1
由于自然风景区禁止伐木，必须将住宅的墙壁内缩，因而形成一处宽1.5m的空地，此时不妨利用格栅围栏，打造一处铺有木板栈道和绿植的美丽回廊。

08

房间里的装置艺术
楼梯

Steps as an objet d'art

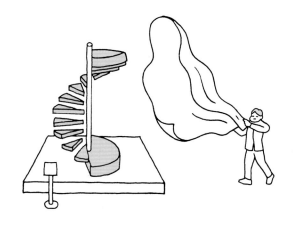

楼梯是营造空间造型最重要的元素之一，而且形式种类繁多，最常见的有直线式、转折式、螺旋式等。一般设计师会根据空间的形状、大小和特性做不同的选择。就结构的种类来说，从厚重到轻巧，同样不一而足，例如钢架、木材或钢筋混凝土。不同的选择会给人完全不同的感受，空间的氛围也会随之大变，设计时需要谨慎选择。

此外，楼梯也相当于空间内的装置艺术，在考虑安全性和功能性之余，还必须顾及楼梯本身的设计感。楼梯的扶手除了确保安全外，平衡的感觉也极为重要，稍不留意，便可能破坏整个空间原本的设计。

另外，紧邻楼梯的墙面就好比一面反光镜，能够帮助梯身营造出光影变化。而梯身的坡度越小就越能为空间创造出优雅的气氛，让楼梯不仅具有连通上下的功能，更具有视觉之美。如同装置艺术一般的楼梯可以说是空间中的主角，能够让住宅具有鲜明的特征。

象征派的钢筋混凝土悬臂梯

POINT 1
安装在清水混凝土墙面上的悬臂梯，设计师专门选用薄型踏板。楼梯的坡度较为平缓，可以作为空间中的装置艺术，为空间带来秩序的美感。

POINT 3
仿佛雕塑般的钢筋混凝土悬臂楼梯。自然的光影在墙面上刻画出特有的图案，宛若日晷般随着时间而移动。

POINT 2
水泥踏板不是独立安装的，而是和墙壁一体砌成的。为了让踏板看起来更为轻薄，内部钢筋的配置、建造时的监理和完成后的维护都极为重要。

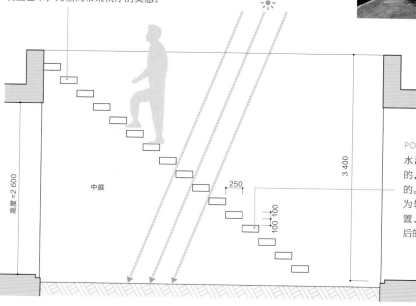

高度=2 600

中庭

250

100 100

3 400

立面图　S=1：50

轻薄而抽象的钢楼梯

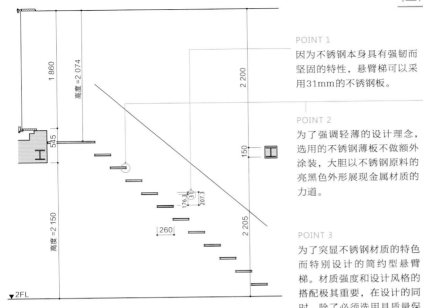

立面图 S=1：50

POINT 1

因为不锈钢本身具有强韧而坚固的特性，悬臂梯可以采用31mm的不锈钢板。

POINT 2

为了强调轻薄的设计理念，选用的不锈钢薄板不做额外涂装，大胆以不锈钢原料的亮黑色外形展现金属材质的力道。

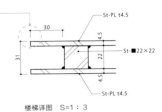

楼梯详图 S=1：3

POINT 3

为了突显不锈钢材质的特色而特别设计的简约型悬臂梯。材质强度和设计风格的搭配极其重要，在设计的同时，除了必须选用具质量保证的材质，还必须参考结构工程师的意见。

美观轻巧、扶摇直上的螺旋楼梯

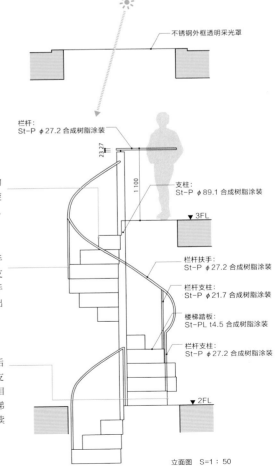

立面图 S=1：50

POINT 1

使用4.5mm厚的铁板熔接成盘旋而上的螺旋楼梯。

POINT 2

利用比栏杆扶手更细的栏杆支柱，让栏杆扶手更清晰地勾勒出美丽的线条。

POINT 3

将第一段和最后一段的栏杆支柱与扶手设为相同粗细，让楼梯的线条更具连续性。

POINT 4

从一楼往上看的螺旋式楼梯。采光罩透下的光产生的阴影，更突显了螺旋楼梯雕塑般的艺术造型。

ELEMENT
09 体现居住者品位的
家具陈设

Furniture in which user's sense is asked

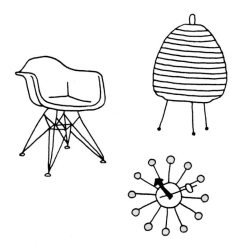

我们通常把附着在建筑物门窗上下的窗帘或百叶窗类的附属配件称之为"窗饰"。这类配件大多由居住者自行挑选。不过，由于窗饰必须配合不同的空间和周围的家具、装饰艺术品甚至盆栽，这方面的选择其实需要极高的敏锐度。如果不能契合空间的调性，很可能适得其反，破坏了原本的整体设计。

另外，家中陈设的家具和装饰艺术品会清楚呈现出住户的品位。除墙面收纳柜这种定制家具，成品的家具往往会把房间搞得五颜六色，顿失焦点。因此，包括材质、颜色和家具本身的质感等细节在内，设计师都应该根据尺寸做好详尽的指导。不仅品位，家具甚至会如实呈现住户个人的人生阅历和教养水平，而装饰艺术品也是展现个人身份地位的重要元素，最好的方法就是特别为艺术品加装投射灯之类的照明设备。

POINT 1

由外露的木制梁板、白色瓷砖地面和白色墙面组合而成的LDK，搭配伊姆斯椅、休闲椅和摇椅。整个空间的格调和家具彼此呼应，营造整体的和谐氛围。

POINT 2

胡桃木地板和黑色客厅橱柜等暗色系装修，搭配明亮的米色沙发。设计时已预先选定了能够让客厅感觉更为宽敞、更具存在感的沙发颜色，以此衬托出装修色调。

POINT 3

采用白色光面木板地面，突显出沙发和休闲椅的存在感。设计师摒弃了实用的家具，改以休闲家具去掉房间里的日常生活感，试图透过简约的装修，让住户能够有心情一一享用每件家具。

POINT 4

皇家蓝的地毯是事先选好的，搭配水泥地板和亮黑色的定制壁柜，与整个住宅的硬朗墙面、采光玻璃和柔软的沙发相互呼应，显得张弛有度。

POINT 5

为了搭配亮黑色的木作落地门窗外框，家具全部选择黑色，营造出整体感突出的室内风景。

POINT 6

设计时经过严格挑选的胡桃木地板和纵向百叶窗。稳重的木质感营造出客厅的主要风格。原木百叶窗上方加了灯光照明，入夜之后百叶窗的阴影会让整个墙面显得格外具有生命力。

ELEMENT

10 影响居住者情绪的

影响居住者
情绪的
色彩选择

A color to affect on mentality

色彩对居住者的身心影响非常大。红色可以促进食欲，最适合用在餐厅；蓝色能够让情绪稳定，让人感到洁净，最适合用在卧室和洗浴空间；黑白相间的房间，具有强烈的对比效果；使用暖色系木材的空间，会自然生起阵阵的温柔和暖意。因此，利用好色彩的力量，就能为空间营造出特殊的氛围。

近年来，越来越多的住户在设计住宅空间时，会特别选用一些能够代表个人风格的颜色。选择个人偏好的色彩作为住宅的主色，确实更能够让家有认同感。在选用颜色时，首先要尽可能避免纯色系，最好选择比较容易产生光影变化的中间色。能够真正打动人的色彩，会成为让人精神焕发的动力。选色时，难免需要一点勇气，不过，正如同选择音乐和挑选服饰，忠于个人的感觉，大胆尝试自己情有独钟的色调很关键。如此一来，居住空间必定会产生令人意外的效果，让家人的生活更加生动且多姿多"彩"。

POINT 1

在倾斜的天花板上涂刷一层蓝色涂料，并在涂料中混入砂石制造视线的重点。

POINT 2

涂上暗红色涂料的外墙，搭配银色窗框，给人沉稳洗练而又朴实的印象。

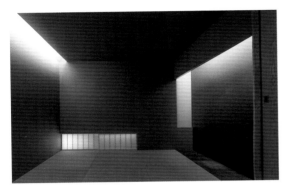

POINT 3

把餐厅厨房上方的大面积墙壁刷成深褐色，采用无反光涂料，让视线重点自动移向墙面灯带形成的美丽光影。

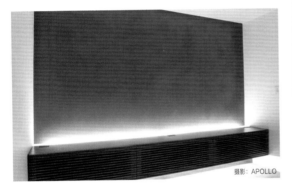

摄影：APOLLO

POINT 4

客厅电视柜上方所采用的是混有砂石的金属亮面褐色涂料。电视柜正后方加装照明，把光线直接打在亮面涂料上，利用涂料的质地制造特殊的明暗效果。

POINT 5

特地为卧室地板选择了深紫色地毯，利用地毯鲜明的色泽，营造宁静与安详的夜晚气氛。

POINT 6

翻新装修时，为弧形天花板涂上一层调和过的亮灰色涂料。这种中间色具有柔化自然光的效果，营造出光影的细微变化。

POINT 7

采用海蓝色细条壁砖和米色大块瓷砖的浴室。正面的海蓝色墙壁是视线焦点，让空间显得更具深度和活力。

为空间注入活力
挑空设计

A void space to produce dynamicity

挑空的设计并不会浪费住宅的空间。很多人都对挑空设计有偏见，认为还不如设法加大地板的面积，其实这样的想法并不正确。

挑空设计不但可以为整体空间增添留白，把所有空间联系在一起，还能够创造上下俯仰的视野，形成普通住宅无法享受到的通透效果。这些优点和随之而来的宽敞印象，都远远超过加大地板面积的效果。

此外，有挑空的住宅更能让居住者感受到家的气氛。楼上楼下的立体连接会形成自然的连续性，使整体空间合为一体。

不过，在挑空设计营造出整体感的同时，我们必须特别留意空调和隔音问题，不妨加装吊扇以提升空调效果，还要在细部上选用必要的隔音材料等。完善的功能性可以确保挑空设计发挥它最大的优势。

有挑空的餐厅
让用餐更加舒适

POINT 2
餐厅上方是一处直通二楼的挑空，坐在这里好像置身高级餐厅。这样的设计让餐厅更具包容力，无论是日常起居还是来客人时都变得更加舒适。

POINT 1
利用挑空空间从屋顶平台引入大量的自然光线，宽广的视野使家人的视线被提升。

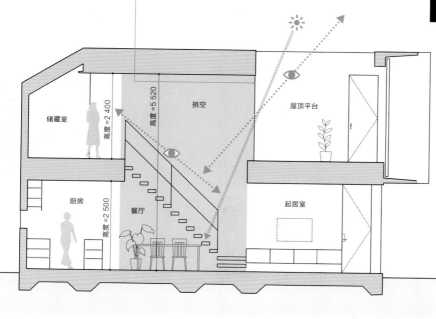

剖面图 S=1∶100

迎向天空的挑空设计

POINT 1

利用挑空设计上方的天窗，将居住者的视线带往户外的天空。

POINT 3

挑空上方装设了与家具和室内装饰风格一致的木制吊扇，除了能提升空调的冷暖效果，也具有装饰作用，从楼上俯瞰客厅，成了居住者生活中的一大乐事。

POINT 4

倾斜的天花板上装设了一大片采光玻璃，直接把户外的天空引入室内。

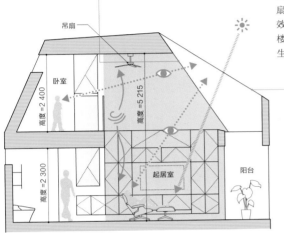

POINT 2

外墙和屋顶的斜面设计最大限度地把风景引入了室内。

剖面图　S=1：100

三层挑空设计
让住宅迸发活力

POINT 2

设在建筑物正中央的三层连续挑空，好比一棵大树的树干，把整栋建筑连为一体。

POINT 1

挑空的正上方设置成整面天窗，让自然光线进入室内之后，沿着楼梯直达下层。

POINT 3

都市住宅经常能见到塔楼式建筑，如何把立体的空间分隔得当，更好地引入自然光线是设计时的主要课题。而挑空的设置不但让空间更能有效运用，也为空间注入了更多留白和活力。

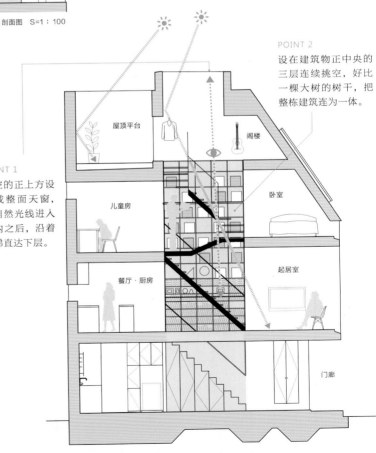

剖面图　S=1：100

12

营造空间深度的
采光设计

A design of light to produce a
spatial depth

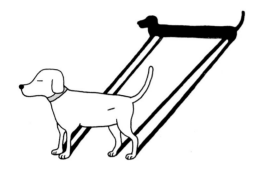

当我们在设计住宅空间时，需要充分注意建筑接受自然光的情况。建筑物的方位、太阳的高度、高低差以及和邻近楼房之间的距离都是必须事先了解的，以便设计好室内的采光方案。由于自然光线会随着季节和天气显现细微的变化，因此设计师还必须通过门窗的设计控制采光的效果。

想要最大程度地引入自然光，最简单的手法就是设置天窗。从天窗所导入的自然光线强度，是从窗户导入光线的三倍，因此也相当容易营造出光影的效果。另外，倘若采光的开窗是从地板到天花板的整面采光，地板和天花板上就会直接接受阳光照射，因此还必须注意材料的选择，比如是否考虑选用某种折射材料。自然光线能够营造出光影深邃而又富于活力的空间，更能够展开一副带有戏剧性的生活场景。

北侧的天窗导入自然光线

POINT 1
在楼梯的正上方设置天窗，让自然光线照射在二楼的白墙上，再折射到一楼和二楼。

POINT 2
在天窗下方设置间接照明，夜晚也能享受到自然光线一样的明暗变化。为了便于未来维护，采用的都是LED灯。

POINT 4
大胆把天窗的宽度设计成和楼梯同宽，借由光线强弱和角度的变化，让室内沐浴在自然光的洗礼之中。

POINT 3
光线打在悬臂式楼梯上，形成了立体的光影对比，让空间呈现出一股深邃感。

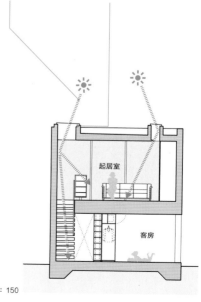

剖面图　S=1：150

用高窗导入光线
创造挑空的光影效果

POINT 1

将窗户的顶端和天花板平齐，以最大程度地导入自然光线，制造折射的效果，营造出天花板上的光影变化。

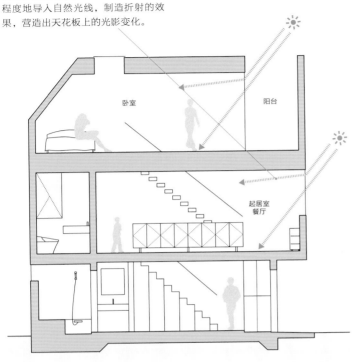

剖面图　S=1：100

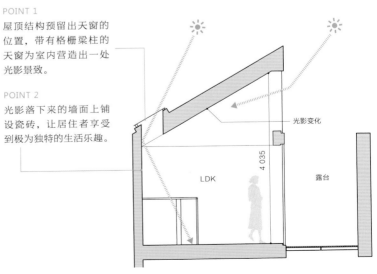

POINT 2

折射光形成的漂亮光影放大了清水混凝土墙的面积。为了更大程度地采光，设计师特别修改了窗户的位置和天花板的面积，以便让居住者享受到更多的自然光。

梁柱格栅创造光影效果

POINT 3

左侧设计有天窗，强烈的自然光线直射在墙面上，形成了条纹状的阴影。右侧露台设计有高窗，光线经过折射，变得柔和许多，也为室内带来不一样的光影体验。

POINT 1

屋顶结构预留出天窗的位置，带有格栅梁柱的天窗为室内营造出一处光影景致。

POINT 2

光影落下来的墙面上铺设瓷砖，让居住者享受到极为独特的生活乐趣。

光影变化

LDK　　4 035　　露台

剖面图　S=1：80

13

提高空间舒适性的
通风设计

A design of wind to produce amenity

家里通风与否是人们肉眼看不到的，因此住宅内的通风状况其实并不容易完全掌握，但决不能对通风问题掉以轻心。通风不良会造成许多问题，最常见的就是潮湿、发霉，这些对于居住者的健康和情绪都是不利的。如何让室内空气流动起来，就是"通风设计"的工作。

首先，设计前我们必须先了解空气流动的基本原理。比如，当空气流入的对外开口小，而流出的开口较大时，即可加快气流流动的速度，提升通风效果。也可以在对角线的位置设置气窗，使通风的效果可以遍及整个空间，避免空气滞留在某一个角落。

由于暖空气具有上升的特性，利用天窗和地窗的组合就可以制造上升气流。总的来说，建筑的通风设计重点只有两个：掌握空气的特性、正确安排开口的位置，这样就可以创造出最有效率的通风设计。

落地窗和换气窗的组合

POINT 3
由换气窗和大面积落地窗所组合而成的对外开口。设计时把落地窗的窗框隐藏在天花板和地板里，既制造出轻盈的感觉，也提高了空间的开放性。

POINT 1
在对外观景的落地窗上安排了一扇面积较小的换气窗，既能够维持落地窗本身的设计感，也达到了通风的效果。

POINT 2
利用设置在对角线上的气窗，让通风效果遍及整个空间。

2F 平面图　S=1：100

遮挡视线的同时
也要透光通风

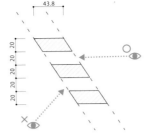

格栅详图 S=1:8

POINT 2
从室内的视平线可以清楚看见周边的风景。对外开口部的面积越大，就越能发挥超乎想象的通风效果。

POINT 3
人站在户外只能抬头看到一整片格栅板，成功确保了内部的隐私。

POINT 1
利用一面由细长木条排列而成的格栅阻断街道上路人的视线，光线和空气却还能透进来。格栅的设计也有助于降低住宅构造上面临的风阻。

剖面图 S=1:100

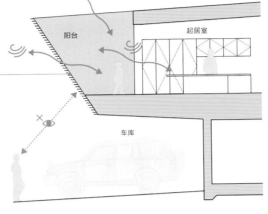

剖面图 S=1:150

不同大小窗户的组合
营造突出的通风效果

POINT 1
客厅大胆采用了三片外推式的连续窗，能够和对角的厨房小窗形成对流效果，细长形的空间特别适合使用这类大小的窗户组合，通风效果奇佳。

POINT 2
完全关闭的窗户在立面上看不出多余的线条，与整个立面合为一体，显得干净利落。

POINT 3
外推式窗口由于开启的面积较大，通风的效果也相对较好。

14 管理室内的天气
空气调节设计

A management of the air

住宅室内的温度会随着季节和时间的变化而不同，设计时必须要对室内温度有预见性。由于一栋建筑百分之五十以上都是门窗，因此在隔热方面，譬如西面或南面的大型开窗，最好使用多层玻璃或隔热玻璃。在高寒地区，则可以改用双层窗户或树脂窗框。这类材质确实具有高度的气密性和保温效果，但是相对的，也必须额外留意室内的通风。

冷暖气方面，倘若选用冷暖双用的住宅壁挂式空调，必须特别留意，住宅内如果设有天井或超过3m的挑高空间，冷暖房的效果通常不会太好。在面积较大的空间里，最好铺设辐射式地暖，一来导热速度较快，且1m左右的高度范围内可保持恒温，让居住者待在室内时头冷脚热，是人体最舒适的状态。唯一值得注意的是要当心造成低温烫伤。挑高空间若采用热泵式空调，则最好加装吊扇，加强空气的流动，提升空调的效果。

POINT 3
把太阳光的热能储存在蓄热板里，尽管效果会因为不同的空间设计而有所差异，但是设计师仍旧坚持采用直接利用天然资源的被动式设计。

Direct Gain 设计

POINT 1
将白天的太阳能储存在蓄热板里，夜晚利用蓄热板中的热能制造暖气，这就是Direct Gain设计。为了满足不同季节的需要，入口处还加装了雨遮，避免夏季太阳直射。

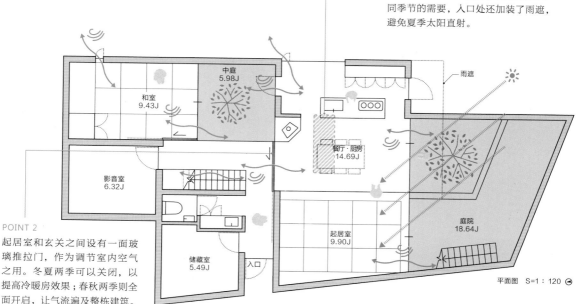

POINT 2
起居室和玄关之间设有一面玻璃推拉门，作为调节室内空气之用。冬夏两季可以关闭，以提高冷暖房效果；春秋两季则全面开启，让气流遍及整栋建筑。

平面图　S=1：120

通风道设计

POINT 3
设计师在上下、左右设置多处大小不同的通风口，营造良好的通风环境。

POINT 1
卧室的窗户采用推拉设计，更能确保通风气量。

POINT 2
设置两处挑高空间，让空气得以上下流动，促进气流的循环。

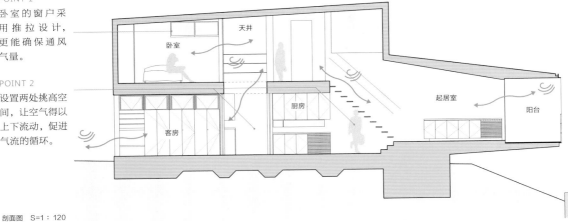

剖面图　S=1：120

POINT 3
三层木结构住宅最容易面临热气滞留在顶层的窘境，必须在设计开口前，事先考虑到夏季的自然通风。加强从楼下流向楼上的上升气流，才是使整栋建筑通风达到最佳的解决方案。

POINT 1
三楼地面采用镂空式设计，可以制造上升气流，让整栋建筑自然通风。入冬后，二楼的暖气可直接温暖三楼的卧室。

POINT 2
打开顶楼的窗户，即可调节室内的气流。对于夏季的自然通风效果尤佳。

制造上升气流
做好气流调节

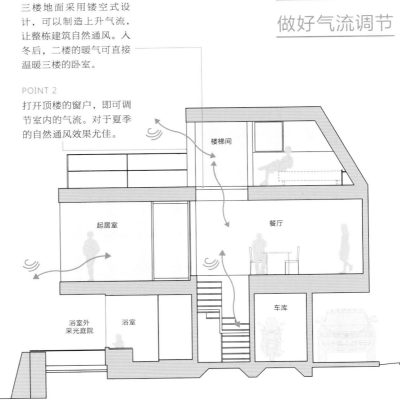

剖面图　S=1：100

4

DETAIL

追求完美的细部设计

01

与墙体合一的室内门
隐形门

A door with an invisible frame

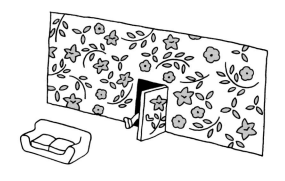

有时候，我们需要让墙壁上的门看起来小一点，首先会尽量让门板和墙面完全齐平，再让门框的线条看起来不那么明显。一般的室内门从正面看，门板和门框或者与墙壁之间的距离非常明显，正因为如此，室内门通常相当具有存在感。换句话说，只要精简门框的线条，就可以降低这种存在感，不过这种作法的效果也十分有限。

因此，设计师们想出一个方法，索性省略门框不用，直接将门板安装在墙面上，如此一来，就可以完全消除门框线条的问题。但是这样的手法必须使用特殊的隐藏式铰链，因此设计时必须根据铰链的要求，调整尺寸和角度。一旦安装完成，室内门看起来就好像直接从墙壁上切割下来一样。倘若设在走廊尽头，会让整个空间简洁有力。除了门框和铰链，还必须选择不显眼或设计简单一点的门把手，以提高隐形门的完成度。

让门框隐藏起来

采用隐藏式铰链

隐藏式铰链

门片

33
70
37
33

1.2

剖面详图　S=1：3

采用双页铰链

门片

33
70
37

30
15
12.5

剖面详图　S=1：3

POINT 1

在墙壁和门板之间安装隐藏式铰链，可以让门框隐而不显。少了门框后，外观上变得更为美观。

15
800
770
内　　外
15

平面图　S=1：20

摄影：APOLLO

POINT 2

一扇利用隐藏式铰链把门框省去的室内门。由于简化了传统室内门的结构，单纯由门板和墙壁组成，立即突显出简约的设计风格。

DETAIL

02 身兼多功能的
活动门

A rotation door with complex uses

如果原本供通行的动线还叠加了其他动线，一般就不应当在动线途中设置室内门。然而，倘若遇到非设置不可的情况，推拉门就是第一选择。但是，也有无法安装推拉门的情况，这时候另有一种合理的方法，就是让两个空间共享一扇门板，一边关闭时，另一边会开启，就像是隔断一样，为空间带来变化。

比如，某个开放的空间到晚上必须当成卧室使用，门必须关上，这时候最适合采用的就是这种手法。这种活动门还可以避免在动线上发生意外的碰撞，减少活动中的障碍，是非常聪明的做法。总之，我们可以利用一些可变动式的设计，增添空间的变化，即便在有限的面积里，也可以借此改变空间的用途。设计时除了必须考虑到整体协调，还得留意每一处细节。

利用旋转门
分隔不同用途的房间

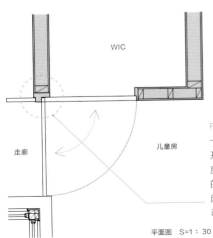

POINT 2
利用活动门开和关所产生的隔断效果，让空间的使用更具弹性。一般的住宅设计往往想在门板的功能上大做文章，其实只需要在铰链和细部多注入一点巧思，就可以创造出特殊的效果。

POINT 1
为了能和黑色墙壁完全融为一体，把门板的高度设计成与墙壁同高，并且省略上缘，形成一处形式简约的收纳空间。同时利用重力铰链，让门板看起来似乎是和墙面一体的。

POINT 3
一旦把更衣室的活动门打开，活动门便成了儿童房的房门。平时儿童房是开放的，待夜间睡觉时，才会关闭。这种设计等于让一扇门可以同时为两个房间服务。

平面图　S=1：30

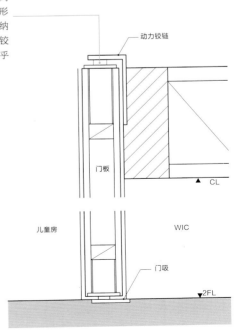

剖面详图　S=1：3

03 轻巧了无痕
玻璃气窗

A door with a comfortable glass transom

住宅空间的对外开口部分，通常是一幢住宅最具可看性的部分。特别是在拥有挑高式天花板或者宽度较大的空间里，最适合大比例开窗的设计。如果想把户外的景观导入室内，最常见的做法就是把整个墙面都做成窗户，并尽量隐藏窗户外框，降低门框和窗框的存在感。倘若空间本身采用挑高设计，将整面墙做成大片的推拉门，则需另行设置气窗。譬如要在嵌入式的透明玻璃上方加气窗，不妨用相同的手法，尽量隐藏外框，以强调下方的推拉门，让天花板产生悬在半空的感觉。这样的设计，由于外框同时具有支撑和悬吊气窗的作用，即便玻璃部分的宽度极大，也经久耐用、不易变形，甚至能避免难以开阖之类的状况发生。此外，可能的话，外框的颜色应尽可能低调，避免突兀，并兼具气窗外框的功能，营造简洁的印象，提高本身的功能性和设计感。

玻璃气窗也是隔断

POINT 3
间接照明的柔和光线穿过玻璃气窗，洒满整个空间。利用透明玻璃作为隔断，而不采用墙壁隔断，让视线畅通无阻，也让整个空间感觉更为宽敞。

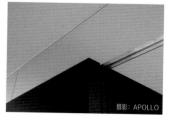

摄影：APOLLO

POINT 4
特别定制的T字形轨道，轻巧细致，同时兼具导轮轨道和玻璃气窗下缘的功能。

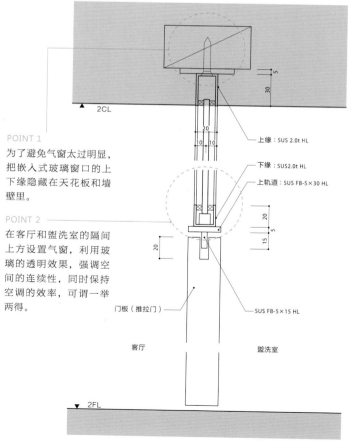

POINT 1
为了避免气窗太过明显，把嵌入式玻璃窗口的上下缘隐藏在天花板和墙壁里。

POINT 2
在客厅和盥洗室的隔间上方设置气窗，利用玻璃的透明效果，强调空间的连续性，同时保持空调的效率，可谓一举两得。

2CL

5
30
20
10　10

上缘：SUS 2.0t HL
下缘：SUS2.0t HL
上轨道：SUS FB-5×30 HL

20
15
5
20

门板（推拉门）
SUS FB-5×15 HL

客厅　　　盥洗室

2FL

剖面详图 S=1：30

DETAIL

04 只见风景不见框

天窗

A sky light window with an invisible frame

想在高密度住宅区的住宅设计中设置尺寸稍大的外立面开窗并不容易，窗口的取景和采光都不容易确保。其实，类似的状况最好的解决办法就是设置天窗（即房顶采光）。设置天窗时，最重要的就是尽量让居住者从室内看不到窗户的外框。简单说就是设计师得让天窗看来只是天花板上的一个开口，并让居住者可以从这个开口看到天空的景观。

当然，设计时还必须仔细考虑屋顶的防水。只要把目标放在"不只从室内看不到天窗，从户外也丝毫感受不到天窗的存在"，通常就不会有问题。同样的，譬如设计玄关的推拉门也是如此，设计时应该尽可能隐藏上下轨道，让居住者从户外看时，感觉只是在墙壁上开了一个洞。总之，只要能够做好外框和轨道的隐藏，多半都能为建筑物营造出鲜明且干练的印象。

利用天窗撷取天景

POINT 1
通过把天窗的外框完全嵌入外墙的工法，让居住者在室内可以集中视线焦点，只看到天窗的玻璃，而看不到外框。

POINT 2
为了避免漏雨，设计天窗时必须考虑使用两层至三层的防水措施。

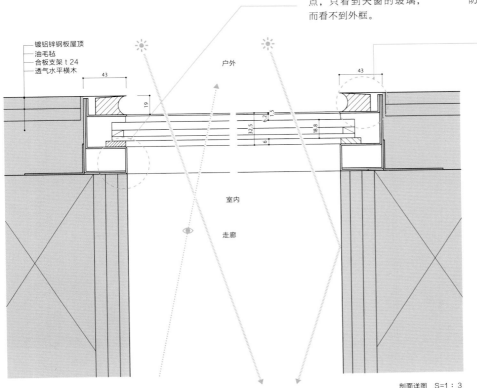

镀铝锌钢板屋顶
油毛毡
合板支架 t 24
透气水平横木

户外

43

19

32.5

6.2

1.5

18.8

6

43

室内

走廊

剖面详图 S=1：3

POINT 3
柔和的自然光线从天窗照入室内。由于采用无框式设计，让室内可以取得更宽广的天空视野。

DETAIL
05 门楣越小越好
大型推拉门

A bulky sliding door with a thin lintel

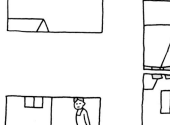

设计高大的推拉门时，通常的做法会选用承重系数较高的门楣承载轨道。然而，为了配合空间的整体设计，在充分考虑功能的前提下，还是应当尽量缩小门楣的尺寸，以避免过度突显门楣本身的存在感。尤其当设计师决定采用大型连续窗时，也应该尽可能缩小门楣的尺寸，让空间看起来更简洁利落。

不过，为了避免完工后因为门楣的尺寸较小而造成扭曲变形，影响推拉门的使用，设计时必须特别留意尺寸的选择。由于门楣本身就会突显推拉门的外框，不妨在门楣上方增设一面观景窗，可以减轻推拉门外框给人的沉重感。此外，还要进一步留意细节的处理，譬如把室内的窗帘盒和灯箱设计成兼具室外集水槽、雨遮及纱窗外框的用途。这种大型推拉门一旦完成，就会使整座建筑的空间变得更为气派。

不锈钢吊杆悬挂 8m 宽大门

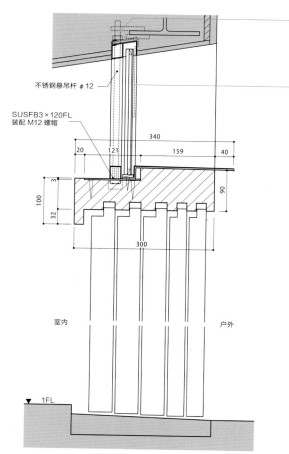

不锈钢悬吊杆 φ12

SUSFB3×120FL
装配 M12 螺帽

340
20 121 159 40
3 90
100 32
300

室内　户外

▼ 1FL

剖面详图　S=1：8

POINT 1
长达8m的门楣，完全不见立柱，而采用不锈钢悬吊杆，把门楣悬吊起来，成功实现了没有立柱的大型推拉门。

POINT 2
不锈钢悬吊杆隐藏在仅有的几处修饰玻璃窗的外框里，以避免结构外露。设计时必须特别留意外框的支撑比例。

POINT 3
经过防漏、防震、气密性、耐久性测试的木框推拉门，采用无柱式设计，并极力缩小门框、窗框。

118

DETAIL

06

隐藏门框的
住宅大门

An entrance gate with an invisible frame

住宅外观的构成要素多而繁杂，包括外立面的开窗、雨遮在内，设计师需要平衡各个细节，呈现出最终的建筑外观。而这些细节又是不同材料搭配起来的，越想营造出简约的印象，越需要搭配得自然协调。

即使是很小的外开窗，也会先设计一个窗框，想采用嵌入式设计，就需要把门窗直接安装在建筑物的墙壁里，隐藏起门框或窗框。

此外，外框五金安装进墙壁时的施工也需要特别注意。一般住宅门窗外框的安装方式是"附加安装"，但是这种工法必定会破坏外墙原本的平整。倘若想维持外墙的平整，不妨采用类似安装集水槽的方式，让门窗和外墙合为一体，即可营造出一体成型的效果。若想采用钢筋混凝土的"环抱"设计，可以把外框完全隐藏，以突显外墙本身的厚实感。入户大门给人的印象完全取决于门窗的设计手法，不同的手法会创造出全然不同的感觉。

隐藏门框，打造稳固形象

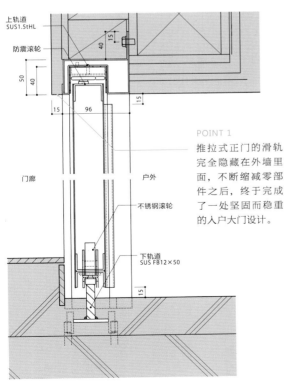

上轨道
SUS1.5tHL

防震滚轮

门廊 户外

不锈钢滚轮

下轨道
SUS FB12×50

剖面详图　S=1：5

POINT 1
推拉式正门的滑轨完全隐藏在外墙里面，不断缩减零部件之后，终于完成了一处坚固而稳重的入户大门设计。

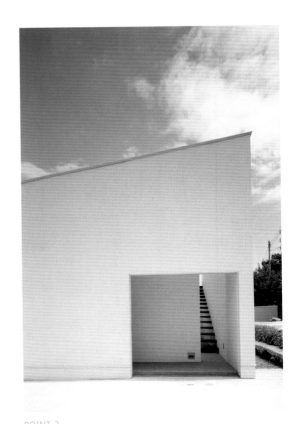

POINT 2
入户大门看似一个墙面上的开孔。由于门的轨道全部隐藏在内侧，外观上丝毫察觉不到大门的存在。

DETAIL

07 营造优雅的外观
格栅式设计

A dimension of louver for
expressing elegance

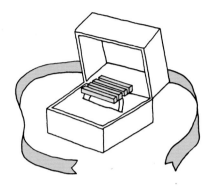

格栅式设计除了具有遮挡视线、保护隐私的功能外，也是一种常见的外观设计手法。因此，它的选材和选色以及与整体的平衡也很重要，还必须考虑到本身的通风、透光等功能性。由于材料的高度、深度以及间距、倒角的尺寸都会直接影响到整体的美感，因此每一处细节都可能改变建筑整体给人的印象。设计时最好能够事先制作等比例的模型，经过精确评估之后再行施工。

此外，相比较材料本身的尺寸，格栅之间的间距对整体的印象影响更大，但也能很容易地营造出细致的外观表情。一般来说，横向的排列在欧美国家较易被接受，不过，排列较为细密的纵向设计因为体现了日式风格的关系，也逐渐受欢迎起来，具体还要根据用途来选择。另外还有不规则排列的手法，利用纵横交错和间距、尺寸的变化，营造粗犷之美，同时也体现出独到的品位。这也正是格栅式设计真正的魅力所在。

木质格栅的细腻表情

POINT 2
木材的坚韧特性表现出细致、纤柔的表情。格栅的做法对施工精度要求较高，需要特别注意。

POINT 1
使用20mm×40mm的花旗松木条，按照5.5mm的间距排列而成的格栅式大门。四角的角码采用不锈钢材质，确保门片的稳固，同时避免木条因热胀冷缩引起的变形。

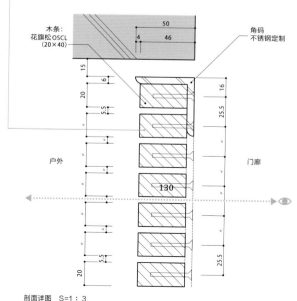

剖面详图 S=1：3

DETAIL

08 营造空间的连续感
间接照明

An indirect light to produce spatial continuity

间接照明往往会带来很不错的效果，例如连续的荧光灯（无缝连接灯管）就经常被用到。因为这种照明方式能够让光线呈一条直线，并且不会产生阴影。另外，由于间接照明会把灯体隐藏起来，设计时还可以对阴影的尺寸有预见，因而能够营造出漂亮的渐变效果。

隐藏式灯槽或灯带等间接照明的手法，除了能创造非日常的特殊效果，也能够突显空间的特色。此外，灯光的颜色对空间的影响极大，一般来说设计师会因地制宜，例如客厅会选用暖色光，浴室和书房则采用荧光灯的白光。有些空间可能需要调整光线的强弱，这时候不妨加装专用的调节器，或者可以和音响等电器连接起来，制造特殊的效果。

在曲线部位使用的时候，只要把灯具重叠配置一部分，即可避免出现光线断层。设计时最好能够事先掌握现场实际的状况，才有可能做出合适的配置以及细节的调整。

POINT 1
特殊的木梁天花板，在天花四周铺设间接照明灯带，而不直接安装照明设备，间接照明的反射光确保了整体空间的照度。立体的木梁结构塑造出层次丰富的明暗效果，整个楼层融为一体，天花板就像悬在半空一样。

间接照明让整个空间融为一体

POINT 2
天花板和墙壁的交接处设置了一圈间接照明，照亮整个室内空间。落地窗的上端特别设置了兼具窗帘盒功能的灯箱，将间接照明隐藏其中。

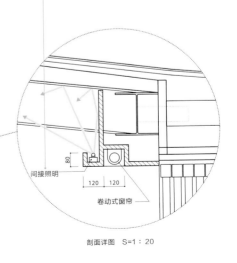

剖面详图 S=1：20

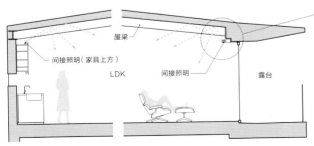

剖面图 S=1：100

09

让家具更显轻盈
间接照明

An indirect light to help furniture be like floating

如果想要使摆设在墙面或地面上的家具看起来更轻快，在地板、家具和墙壁之间的空隙中安装间接照明是一个办法。间接照明可以让家具显得更为轻盈，灯光投射出家具的轮廓，会柔和地突显家具的线条，强化室内装潢的存在感。间接照明所使用的灯具最好是经过柔化处理的，以便让整个空间产生更为柔和的光效。

家具内置的照明大多较占用空间，因此不妨采用LED灯之类较不占空间的设备。定制家具最好从设计伊始就和设计师充分沟通，以保证最终的效果。间接照明的灯光应该避免直接照射到居住者的眼睛，因此在设计和安装时，现场监理是非常重要的。必要时不妨安装光线调节器，以便配合季节和场景调整灯光的强弱。间接照明不仅可以大幅提升空间的舒适感，也可以让定制家具本身的格调更上一层楼。

利用照明让家具更立体

POINT 4
通过各种不同效果的间接照明的搭配组合，营造出多姿多彩的室内空间。

POINT 1
在挑空部位的横梁上安装射灯，墙面和天花板上就会出现漂亮的阴影，利用光影、明暗的对比，将居住者的视线焦点向上引导。

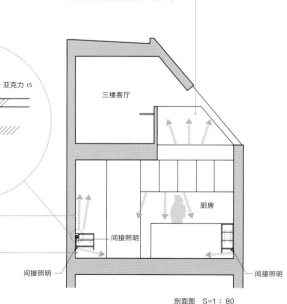

POINT 2
在台柜上设置间接照明，再用亚克力板遮住光源，制造散射光，突显墙面和橱柜本身的存在感。

POINT 3
将客厅里的电视柜抬高200mm，并在下方设置间接照明，借以吸引居住者的关注，自然的明暗对比就这样诞生了。

90
10 70 10
亚克力 t5
20
110 70
20
剖面详图 S=1：8

三楼客厅
厨房
间接照明
间接照明
间接照明
剖面图 S=1：80

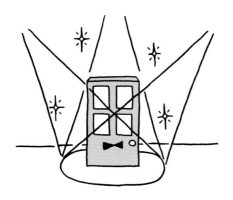

DETAIL

10

独具个性的
正门照明

An entrance light representing a character

对于居住者或访客而言，住宅的正门都是他们面对一所住宅看到的第一个场景，也是第一印象和居住体验的起点。由于正门最能够反映出居住者的品位，因此在细节的设计上，绝对不可以轻视。

在正门的设计中，尤其以门牌、对讲机、信箱、快递箱的照明设计最为醒目。譬如，如果想在门牌内侧安装照明，并让它兼具入户门照明的功能，最好能够提高灯光的照度，满足一定的照明需求。如果要嵌入式地安装灯具，则必须事前充分考虑嵌入的尺寸，做好必要的结构计算。安装在没有屋顶或雨遮的廊下，还必须留意防水功能。此外，为了避免完工后灯具更换与检修的不便，提高照明设备维护的便利性也很重要。

发光的门牌

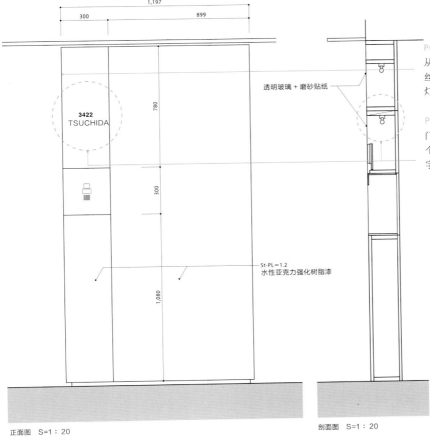

透明玻璃＋磨砂贴纸

3422
TSUCHIDA

St-PL＝1.2
水性亚克力强化树脂漆

正面图　S=1：20

剖面图　S=1：20

POINT 1

从正面看是一面钢板，钢板用螺丝固定，以便在必要时可以更换灯组。

POINT 2

门牌号码和姓氏采用激光刻字。整个墙面为钢板，内侧加装照明，文字看起来就像发光一样。

摄影：APOLLO

POINT 3

钢板背面贴了一层带着磨砂贴纸的透明玻璃，可以防漏水。利用内侧照明突显文字，并兼具玄关灯的功能。

11 适合与友人欢聚的餐桌

A dining table to welcome a guest

厨房的设计需要根据居住者的具体需求来定制。包括材质、形状、大小和细节等在内，餐桌需要兼具实用性和设计感，和厨房空间融为一体。

如果是一间岛型厨房，设计时通常会配合料理台的高度和材质搭配高脚椅。对一般的家庭来说，四人餐桌已经绰绰有余，来客人时则往往需要8~10人的大型餐桌，宽度至少需要80cm，而如果空间有限，不妨选择可以调整长度的餐桌。

倘若餐椅和餐桌的桌腿也能配合桌体的材质和形状，就更容易制造出空间的一致性。桌面部分，轻薄型的材质看起来会轻巧一些。若选择较厚的桌板，则会为空间带来更为沉稳的气氛。不论选择哪一种厚度，建议务必事先考虑好匹配整体空间设计感的尺寸大小。由于越大的餐桌越能展现空间的稳定性，除了事先设定尺寸，留意空间的平衡感也是一大重点。

POINT 2

烧烤用的铁板和烤炉与餐桌一体，让客人们也可以享受烹饪的乐趣。一边享用美食，一边欣赏风景，为每一次的聚餐留下美好回忆。

POINT 3

为了尽可能让大餐桌看起来轻巧一些，这里采用单边支撑的设计。桌面的三个角都经过打磨处理。桌面则采用拉丝不锈钢板，不易产生刮痕。

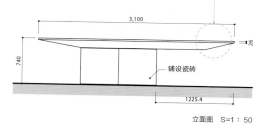

立面图 S=1：50

最适合空间的三角形餐桌

POINT 1

三角形餐桌的每条边长都超过3m，最多可同时容纳9个人。餐桌的形状是最适合餐厅空间的形式。

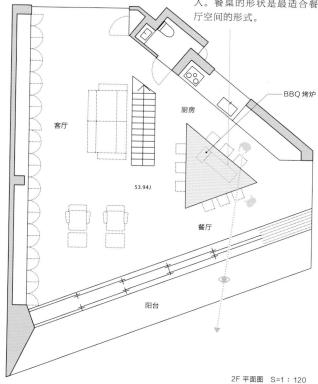

2F 平面图 S=1：120

DETAIL

12

随手轻松煮
驾驶舱式厨房

A cockpit-typed kitchen to be easy to use

设置在住宅中心的岛型厨房，由于能够观望整个住宅和家人的动态，特别适合有小孩的家庭。与此同时，厨房收纳柜和电器都集中放置，让所有的物品都在伸手可得的范围，使用起来也更加方便。这种类似飞机驾驶舱设计的厨房，我们称之为"驾驶舱式厨房"。

由于尽可能缩短了家事动线的长度，做家务的效率也得到了大幅提升。实际使用过的人都会感觉，这种厨房不易感到疲劳。因为驾驶舱式厨房最大的特色在于，站在一个位置就可以处理所有的事情，不需要来回移动。倘若洗衣和浴室等用水位置的动线也能集中在驾驶舱式厨房的四周，便更能提升厨房的功能性。此外，为了提高实际使用的效率，最好能把所有的开关和插座集中在一处。经过这样详细的设计和安排，必定能够让家事更简单。

所需物品伸手可得

POINT 1
把L形厨房设在室内的一角，预先设计好收纳部分，有效配置各项功能，让居住者不必移动身体就能拿到所有物品，发挥出驾驶舱式厨房的优势。

POINT 2
这是从驾驶舱式厨房望向客厅的场景。开阔的视野一扫厨房的烟火气。

POINT 3
选用集成灶，同时不设置吊柜，让厨房空间看起来更加宽敞。

平面图（家具剖面图）　S=1：30

13

隐藏式
空调设计

A way to take off the presence
of air-conditioner

现在，空调已经是住宅的必需品，几乎所有的家里都安装了空调，然而空调机在视觉上却不那么好看。尤其是壁挂式空调，由于机体本身极为醒目，设计师往往得花不少心思削弱它的存在感。因此，设计时不妨使用门窗或通风盖，同时搭配定制家具，把空调设备收入其中。设置通风盖时，除了应该避免内循环（空气在狭小范围内循环）的现象发生，还需留意通风盖的气孔形状和选材，气孔间隔的宽度也需要注意。此外，合适的材质颜色也有助于整体视觉的协调。倘若选用推拉门，夏、冬两季可以全开，春天和秋天时关闭后即可完全隐藏。若想让空调机和墙面、天花板完全融为一体，设计师必须熟悉空调设备本身的功能，在安全安装的前提下，考虑日后维修的便利性，还要兼顾设计感、尺寸和相关细节。完工后，只要室内处处都能感受到空气在流动，就算是成功的设计。

格栅营造墙面整体性

POINT 1

格栅的造型和墙面完全融为一体。为了避免冷暖气直接吹向天花板，设计时必须根据空调机的外形调整风口盖的尺寸和间距。

POINT 2

使用小间距的格栅风口盖，覆盖住壁挂式空调，完全隐藏机体。同时把格栅的木条切成五角形，以避免造成风阻。

POINT 3

将空调机隐藏在墙壁里，采用类似大厦中央空调的风口设计，维持空间的完整性。

POINT 4

配合空间实际的状况，决定格栅风口盖的尺寸大小。这里把风口盖制作得比空调机更宽，是为了突显空间的水平宽度。

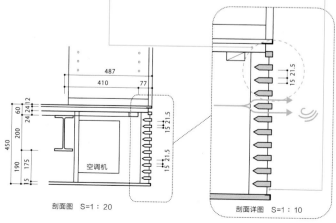

剖面图 S=1：20

剖面详图 S=1：10

DETAIL

14

细部做工
打磨出优雅外观

Shaping a detail to get a
furniture look elegance

在都市住宅极为有限的空间里，想让家看起来更为宽敞，让家具显得轻巧一些是一个好办法。但是轻巧绝非廉价，在轻巧之余，为了保持家具的稳定以及与整体家居的统一，讲究细部设计是很有必要的。

比如，厨房料理台和浴室的洗脸台最好统一材质，这样才能让居住者有整体感。餐桌桌面的厚度则必须配合空间的大小和日常生活的状况，若想让餐桌更显沉稳，不妨稍微加厚桌板；若想让餐桌显得轻巧一些，桌面则越薄越好。尺寸一定要依照具体空间来设定。门板在设计时应该避免外加五金把手，最好能够采用嵌入式或按压式的无门把设计，这样就可以简化家具的外观。在确保功能的前提下，尽可能减少附属物，就等于完成了一次简化设计。不过，追求材质的韵味和细节的品质始终是家具设计的重点。

悬浮着的餐桌

摄影：APOLLO

POINT 3

从下面观察定制餐桌。支柱撑起来支架支撑着整个桌板。支架到边缘渐渐变薄，让桌板看起来更轻巧，有种飘浮感。

POINT 4

设在厨房中间的定制餐桌。底部不用四根桌腿，这样设计可以容纳更多人同时进餐，让进食更有乐趣。

POINT 1

餐桌支架呈放射状延伸出来，避免了桌板由于较薄而易变形的缺点，确保有足够的强度。

POINT 2

厨房采用特别定制的餐桌，省去了桌脚，改为用一根独柱撑起桌面。设计时，桌面挑出的距离和其承重性能尤其重要。

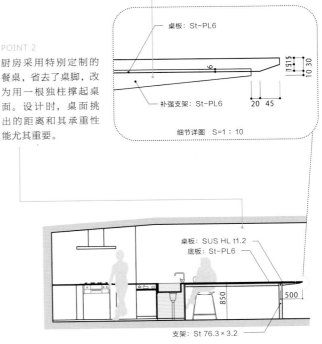

桌板：St-PL6

补强支架：St-PL6

细节详图 S=1：10

桌板：SUS HL t1.2
底板：St-PL6

支架：St 76.3×3.2

立面图 S=1：100

DETAIL

15

庭院里的装置艺术
室外悬臂梯

Outdoor cantilever steps
as a garden objet d'art

都市区附设中庭的住宅（花园住宅）是非常受青睐的一种住宅。很多人都喜欢在隐私性较高的中庭里设置一段连通上下的室外楼梯。这条楼梯除了具有连接楼上楼下的功能，还具有装饰作用，就像一件装置艺术。因此在设计时，就需要特别留意外观的美感。不妨采用简化设计，去除多余的部分，追求轻巧简约的美。

中庭中的楼梯经常会采用踏板直接安装在墙面上的悬臂式楼梯。选择合适的踏板形状，把钢架嵌在墙壁里，这样的手法不仅可以避免松动，外观也更轻巧。当然，因为设在室外，设计时还必须考虑到诸如生锈和污渍之类的维护问题。此外，为了和墙面形成对比，踏板的选材和颜色以及背景的质感也都必须经过充分的考虑。装置性楼梯的最大乐趣在于，自然光线打在墙面和楼梯上，居住者可以借此享受到光影穿梭的变化。

利用平缓坡度
创造宽敞印象

POINT 1

协调踏步的宽度，设置一条较为平缓的楼梯，为原本水平展开的空间营造出更为宽敞的气氛。

POINT 2

一条平缓的装置艺术楼梯为这面超宽的大落地门窗带来了更多看点。

POINT 3

缩小了楼梯踏板的宽度，以反衬出露台本身的宽敞感觉，并提高楼梯装饰环境的功能。

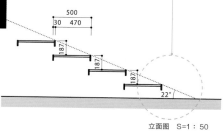

立面图　S=1：50

平面图　S=1：50

DETAIL

16

极致轻薄的
钢制悬臂梯

Steel cantilever steps to show edge thinly

在追求轻巧造型的悬臂楼梯时，我们会希望让踏板的边缘更加轻薄，采用钢板作为踏板材质就是一个很好的选择。但是如果只能让居住者感受到从上向下鸟瞰时的宽敞视野，从楼梯下方和侧面欣赏不到楼梯的美感，就还算不上完美的设计。此外，能被看到的支撑踏板的支架和材质选择也非常重要。

踏板本身是由三个面构成的，利用它本身突出的立体感，在结构强度足够的同时，可以使它更有美感。而钢板本身就能营造出纤巧坚韧的氛围。不过，这种设计需要注意的是钢板与钢板之间是否熔接得平整。另外，踏板的涂料和颜色也关系到完成后的印象，因此最好能够根据整体设计决定样式。合适的颜色让楼梯既能够与空间融为一体，又具有其独特的表情。

墙壁上的装置艺术

POINT 1

使用三角形钢板熔接而成的踏板，非常的薄但又不会变形。由于熔接的精细度关系到整体的效果，施工过程必须非常仔细。

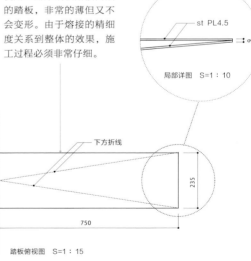

st PL4.5

局部详图　S=1：10

下方折线

235

750

踏板俯视图　S=1：15

POINT 2

由三棱体踏板所组成的悬臂梯，形成了独特的光影效果，从侧面和下方望去，都是极美的画面。亮黑色的不锈钢材质嵌在纯白的墙面上，本身即是一件装置艺术作品。

17

用原木包覆的
木作悬臂梯

Wooden cantilever steps with solid wood plates

在钢材的楼梯踏板架上包覆一块木制踏板，可以做成外观更工整的木作悬臂梯。由于承重骨架嵌在墙壁里有可能发生变形或松动，因此踏板需要牢牢地安装在骨架上。突出在墙壁外的部分外层包覆原木板，踏板侧面的材质和踏面一致。这种木作悬臂梯除了具有坚实的外观，侧面的板材也突显出木质的厚度，更加具有质感，同时踏面的接缝还兼具防滑的作用。由于外层全部使用同样的材料，不论从正面或下方看，都极具质朴的美感，堪称一件美轮美奂的装置艺术品。如果再搭配使用玻璃和不锈钢做成的极简式扶手，更能够营造出力学艺术的氛围。如能同时也把这种力学艺术运用在沙发等家具上，整个家居空间中的豪华气氛便呼之欲出。

钢构骨架

230　230

梯边骨架
St-PL-12

189.3

9 31 15
55

踏板：
胡桃原木t15

10　230　10
250

剖面详图　S=1：15

POINT 1
在钢架外侧包覆胡桃木板，外观看起来好像一整块原木一样。设计的关键在于除接缝以外，所有的螺丝都被藏起来。

POINT 2
考虑到板材可能会变形或断裂，特地把木板分隔成两片，接缝不仅具有防滑的作用，还能够突显出板材的厚实，增加踏板的稳重感。设计时需要根据板材本身的尺寸来设定接缝的宽度。

胡桃木包裹的
悬臂楼梯

POINT 3
通过木作踏板和钢架的结合，实现了楼梯整体的薄化设计。连底部也包覆了原木板，完全隐藏了内层的钢架，大大提升了梯身的美观和艺术品位。

POINT 4
为了搭配原木地板而选择了胡桃木，纹路和色泽充分表现出钢架所没有的温柔和朴素。

DETAIL

18

极度轻巧的
钢筋混凝土悬臂梯
Concrete steps to accentuate slimness

建筑中采用钢筋混凝土楼梯仍是较多时候的选择，要想使这种楼梯看起来轻巧，悬臂梯是最佳方案。不过由于这类楼梯必须一次浇筑成型，没有修改余地，否则就会发生断裂、劣化等问题，因此为保证施工，事前必须做好完善的筹划。

为了尽量让踏板更薄，钢筋的配置和外层混凝土的厚度极为重要。完工后的维护以及如何维持钢筋结构本身的寿命也很重要。在混凝土完全固化之前，绝对不可以走上去或放置任何东西。拆除模板时也必须小心翼翼，绝不可操之过急。

此外，在混凝土表面做涂封处理，既可保持混凝土原有的质地，又不易弄脏，容易维护。由于钢筋结构的架设和施工必须同时完成，因此钢筋混凝土悬臂梯的成本也较低，这也是它的优势之一。当然，混凝土也具有其他材料所无法比拟的独特质感。

楼梯像从墙壁上生长出来

POINT 1

轻薄的形态让踏板和踏板之间留有足够的空隙，能够享受光影带来的乐趣，营造出极度轻巧的印象。从侧面看上去，这样的设计大大降低了封闭式楼梯的沉重感，同时又给人以落落大方的印象。

POINT 2

利用墙壁内的钢筋固定而成的单面结构，实现了厚度只有100mm的水泥楼梯。这种楼梯不能重做，万一失败就前功尽弃。除了在设计和施工的过程中留意各个环节外，还得考虑到完工后的维护问题。

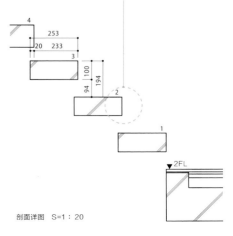

剖面详图 S=1：20

带有华丽气质的
强化玻璃栏杆

A gorgeous reinforced glass handrail

设计楼梯时，栏杆也是重要一环。若能够达到良好的平衡，让栏杆和梯身完全融为一体，整座楼梯将会呈现出恰到好处的存在感，好比一件装置艺术品。完全采用透明强化玻璃做成的栏杆，特别容易营造出豪华大方的氛围。而要把厚达10mm的大片强化玻璃竖立在地板上，就必须预留好足够的嵌入深度。若想让栏杆看起来更加美观，还需要特别留意底部支撑面的细节设计。最理想的方式，是利用嵌入框夹住玻璃，然后将嵌框藏在地板内部。强化玻璃并不能完全抵挡水平面的冲击，因此必须贴一层防裂薄膜，避免碎裂后造成意外。为了防止碎裂，在玻璃的边缘或上方安装保护罩也是一种有效的方法，但是为了保持本身的造型美观，保护罩材质和形状也需要仔细设计。

瓷砖地板上屹立的
玻璃栏杆

POINT 1
楼梯设在住宅的中央时，为了避免楼梯栏杆过于突兀，最好的方法就是采用玻璃栏杆。透明玻璃本身还具有透视、折射光线等特性，因此能够创造出意想不到的景致。

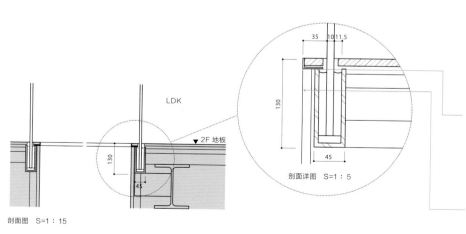

LDK

130

45

▼ 2F 地板

剖面图 S=1：15

35　10 11.5

130

45

剖面详图 S=1：5

POINT 2
楼梯面的空隙贴有瓷砖，让强化玻璃和地板仿佛是一体的，营造出地板和强化玻璃的极简效果。

POINT 3
在地板下面埋设不锈钢嵌入框，插入透明强化玻璃并固定，便完成了光鲜的玻璃栏杆。处理的重点在于除了玻璃之外，看不到任何五金配件。

DETAIL

20 楼梯也能匠心独运
连续式扶手

A continuous handrail harmonized
with a design of steps

楼梯的扶手可以根据楼梯的设计变换出不同的形式。其中，利用连续式的扶手，营造出空间的连续性和轻盈感是一种既合理又独具象征意味的手法。如果能够尽量减少支架的数量并缩小扶手的尺寸，也可以塑造出相当新潮的形象。在接连多层楼的楼梯上，利用"之"字形的连续扶手还可以表现出空间中的韵律感。

此外，还可以利用吊挂的方式，不占用地板空间。充分利用金属拉伸和延展的特性，创造出简约又强而有力的印象。不过倘若为了追求简约而过度缩小扶手的尺寸，也可能造成扶手摇晃或松动，因此在强度方面务必要和结构设计师做好充分的事前沟通。

悬吊式扶手
表现精巧新奇

POINT 1
为了搭配破墙而出的悬臂楼梯，刻意把栏杆扶手吊挂在天花板上，就好像完全隐藏起了扶手，让下方变得干净清爽，同时营造出突破地心引力的简约形象。

一笔划扶手
独特的韵律感

POINT 2
从一楼直通二楼，没有中断、一气呵成的连续式扶手。扶手本身的连续性为空间带来了相当独特的韵律感。

21 让建筑外观更得体
窗框设计

A reveal of a frame to show
as a seemly building

相同大小的窗框会随着框架划分方式的不同而产生完全迥异的效果。设计之前需要设定好清晰的目标，譬如想让外观呈现怎样的效果，再来完善细节设计，方能达成既定计划。

举例来说，使窗框和外墙融为一体的做法，我们一般称为"无框设计"，从外部看来，完全看不见窗框的存在。如果想给人外窗完全是一面玻璃的错觉，只需要尽量将无框设计的尺寸加深即可。

如果想让整栋建筑看起来更为轻巧，窗框和玻璃就设计得浅一点。相反的，设计得越深，就会突显出外墙的厚度，建筑本身会显出相当的厚重感。而窗框的细节，则是关系到建筑整体印象的重要因素，因此设计时应当充分考虑建筑物的大小和既定印象，如果可能，最好事前制作等比模型或CG模拟动画，以便达成最佳的无框设计效果。

去除窗框的存在感

POINT 3
利用无框设计把窗框隐藏在墙壁内，同时统一立面玻璃和开窗的形式，形成唯美简约的西洋棋盘式设计。

POINT 1
把外窗的铝框稍微向内收，使外墙覆盖住窗框，将其隐藏在墙壁内，形成只看得见玻璃和开口的结构。这样做的目的在于突显了建筑物本身的厚重感和其坚实稳重的形象。

POINT 2
钝角边的墙面部位，照样采取隐藏玻璃和窗口的结构，以表现极致的简约感。

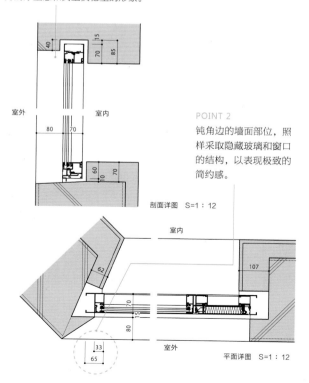

剖面详图　S=1：12

平面详图　S=1：12

窗框使建筑外观更简约

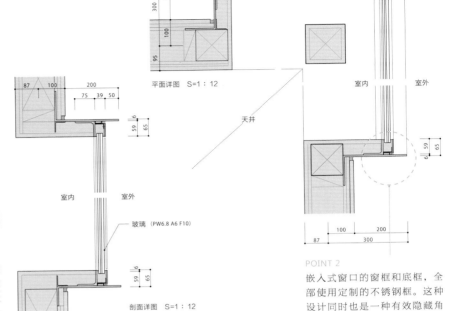

平面详图 S=1：12

不锈钢外框　玻璃（PW6.8 A6 F10）

室内　室外

天井

平面详图 S=1：12

剖面详图 S=1：12

玻璃（PW6.8 A6 F10）

室内　室外

POINT 1

使用嵌入式玻璃做成的转角窗，玻璃的连续性营造出建筑的开放感。简洁的外窗和可以兼作雨遮的外挑窗，让这栋三层的住宅看似一个外观简单整齐的玻璃箱。

POINT 2

嵌入式窗口的窗框和底框，全部使用定制的不锈钢框。这种设计同时也是一种有效隐藏角柱的方法。

利用平缓的窗框

统一立面设计

嵌入式窗口

外开窗

嵌入式窗口

剖面详图 S=1：12

防水条　　　防水护条

宽度=3 965

纵向边框：
St-L90×90×6

平面详图 S=1：12

POINT 1

把窗户的外框和外墙完全切齐，让正面变得更为整齐划一。在防水条上喷上一层外墙涂料，以避免材料外露。

POINT 2

从外侧完全看不到墙壁的厚度，从内侧也看不见窗口两端的边框，堪称极简的外窗收口，也为室内创造出玻璃帷幕般的轻巧和开放感。

POINT 3

边框的支架直接安装在外墙的墙面里，并且和外墙涂成同样的颜色，成功实现了一面整齐划一的外立面设计。

POINT 4

通过精良的细节设计，将不同的建筑细部相互搭配起来，大大优化了住宅正面给人的印象。

22 极具日式风格的
屋檐和木格栅

An expression of Japanese-style
with a combination of eaves and grid

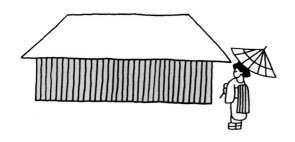

水平伸长的屋檐和木格栅是传统日式建筑的基本形式要素。设计建筑物的外观时，如果想有效加入这类屋檐或格栅装饰，从细部的设计到各个细节之间相互的组合，都需要全面考虑。

譬如使用南洋榉木做成的木格栅，尽量缩小木条本身的宽度和彼此的间隔能够打造出轻盈的印象。和木格栅直角相交的混凝土水平屋檐，前端不妨设计得轻薄些，同时加大屋檐的深度，制造出地面的阴影，塑造出优雅的对比形态。

即便是容易给人厚重感的钢筋混凝土住宅，只要尺寸拿捏得宜，也能够创造出端庄大方的立面设计。此外，如何导入光线、制造明暗效果又是设计的另一个重点。因此，设计时除了尺寸的设定，还必须留意材料、施工等细节，这样，设计的方案才可能如愿落成。

POINT 1

从正立面看，厚度只有80mm的轻薄型屋檐乍看之下并不像混凝土制成的。经过细部推敲的格栅外观相当显眼，整齐划一的线条展现出端庄的日式风格。

纤细的混凝土屋檐搭配
纵向木格栅

POINT 2

屋檐的雨遮部尽可能外伸，轻薄细致的形态和纵向排列的木格栅形成绝妙的对比。这种手法最大的关键在于，所有细节的尺寸都必须配合整体的比例仔细考量。

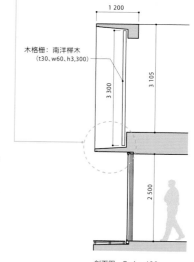

排水斜面

排水斜面

屋檐水切

80

50 20

剖面详图　S=1：30

木格栅：南洋榉木
(t30、w60、h3,300)

1 200

3 300

3 105

2 500

剖面图　S=1：100

利用水切和木格栅
强调出外形的比例

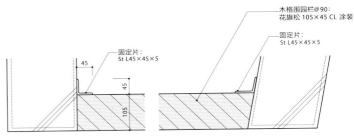

木格围园栏@90：
花旗松 105×45 CL 涂装

固定片：
St L45×45×5

固定片：
St L45×45×5

45

45

105

露台木格栅剖面详图　S=1：12

POINT 1

为了配合正面狭长的外观比例，设计师把侧面的屋檐加深。打在浅色水泥外墙上的阴影是整个设计的重点。

POINT 2

正面白墙上的纵向木格栅，固定片隐藏在后端，从而不破坏木条的纵向秩序感。屋檐和正面的设计营造出稳重而又和谐的表情。

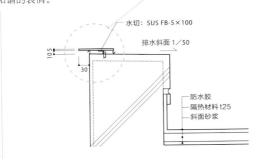

水切：SUS FB-5×100

排水斜面 1／50

105

30

防水胶
隔热材料 t25
斜面砂浆

固定片：
SUS L30×30×3

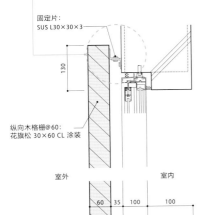

130

纵向木格栅@60：
花旗松 30×60 CL 涂装

室外　　室内

60　35　100　　100

130

正面纵向木格栅剖面详图　S=1：12

POINT 3

水切的线条突显出建筑物本身的轮廓，纵向木格栅也具有挡雨的功能。

POINT 4

正面白墙上安装了一面仿若装置艺术的纵向木格栅，格栅涂有亮漆，以突出原木的色样和纹理。一楼用杉木板和清水混凝土相互搭配，营造出和谐与稳重并举的日式效果。

23

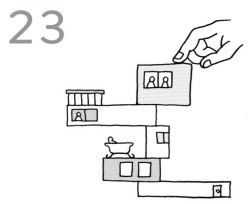

积木般的外观
箱型空间设计

An effective way to show
volume various

用多个不同的箱型空间相互堆叠，就能够创造出一栋别具特色的住宅建筑。在不同的箱体相互重叠的临接面上，势必会产生许多细节问题，而随着问题的解决，往往能给人意想不到的感觉。

如果每一个楼层的造型都各有特点，不妨发挥它们的不同，呈现清晰明快的对比。比如，底层为钢筋混凝土结构的杉木纹清水混凝土箱体，上层为轻巧的木造白色空间，这样就构成了一处明快的对比。再加上屋檐和天窗等功能设计，外观就显得既有韵律感又有吸引力。

除了造型，结构设备等硬件也会对整体建筑产生极大影响，因此，从设计之初就必须对各个细节，和每一位参与的设计人员进行充分沟通。

简洁的箱型建筑外观

POINT 1

在杉木纹理的清水混凝土一楼上方，搭建一层木造白色箱型空间，由此构成一栋双层住宅。为了强调外观的宏伟气派，除了基本的结构之外，设计师在水切等细节部分也下足了功夫。

POINT 2

为了实现堆积木一样的设计创意，必须充分考虑各种结构组合的可能性，并且从构想初期就要对各部细节仔细谋划，做好完善的工程计划。

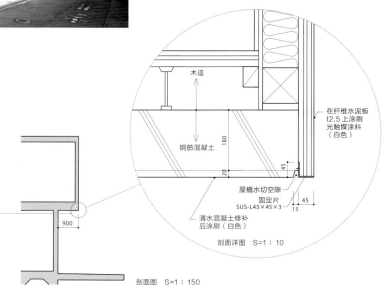

木造

钢筋混凝土

180

20

45

在纤维水泥板
t2.5 上涂刷
光触媒涂料
（白色）

屋檐水切空隙
固定片
SUS-L45×45×3

45
15

清水混凝土修补
后涂刷（白色）

剖面详图　S=1：10

900

剖面图　S=1：150

DETAIL

DETAIL
24 钢制格栅板的
双层地面结构

An effect of double grating

当下层的空间没有特殊用途时，我们可以考虑采用镂空材料做成的露台，这样，一部分的地板面积可以不受容积率的限制。这部分面积的界定标准确实有些暧昧不明，必须根据实际的行政作业而定，不过，倘若能够仔细研究所在城市的法令，积极采用类似的应变措施，也不失为一种突破空间限制、有效利用空间的方法。

室外的地面如果采用容易维护、耐久性高的镀锌格栅板或钢制格栅板，为了阻挡来自下方的视线，格栅板的间隔越细越好。而在这一方面，从室外往上看的角度也是一大关键，因此倘若空间允许，最好能够做成双层结构，在露台的地面下方再增设一层格栅板，如此一来既可提高本身的设计感，又能够制造出水波纹状的效果，完全遮蔽视线。此外，还必须留意支撑格栅板的钢制挂架等细部，使用格栅板遮住钢制挂架，避免因零部件外露而破坏了整体设计。

钢制格栅板
用作底层吊顶

POINT 2
从这里抬头向上看到的屋檐内侧是上层露台地面的钢制格栅板。由于采用双层结构，可以完全遮蔽下方视线，确保上层的隐私。装设时必须特别留意格栅板在墙面上的安装方式。

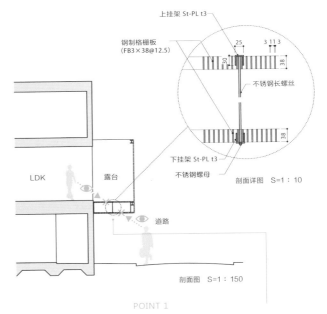

上挂架 St-PL t3
钢制格栅板
(FB3×38@12.5)
25   3 11 3
38
不锈钢长螺丝
下挂架 St-PL t3
不锈钢螺母
剖面详图 S=1：10

LDK   露台
道路

剖面图 S=1：150

POINT 1
在露台地面下方额外增设一层钢制格栅板作为天花板，形成双重结构。下层的格栅板直接吊挂固定在上层的格栅板上，省略了其他多余的支撑部件。

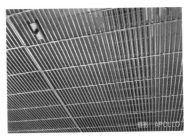

POINT 3
屋檐内侧的挂架不应当太显眼。

25 外观简洁的
屋檐和外墙水切

Eaves-weathering and exterior
wall-weathering to look simple

在屋檐或地基和外墙之间装设水切，目的是为了避免从屋顶或外墙流下的雨水直接造成墙面脏污。设计水切时，除了必须正常发挥其功能，另一个重点就是造型上也要力求简单利落。

安装在屋顶边缘的屋檐水切，第一要务就是要和墙面本身融为一体，避免出现突兀感，因此细部设计就需要多注意。外墙水切方面，最有效的方法就是尽量把安装的位置压低，并将地基加高，避免雨水渗入，浸湿墙壁的内缘。当然，也别忘了维持墙壁内缘的透气通风。同样的，屋檐的部分倘若也能采取简单利落的细部设计，就能避免破坏建筑主体和地面之间的连贯性，表现出水切与建筑主体的一致性。因为水切会直接出现在建筑外观，设计和施工都需要较高的精细度。

水切的外观形式

【屋檐水切】

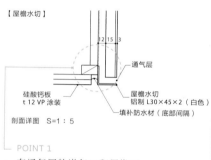

通气层

硅酸钙板
t 12 VP 涂装

屋檐水切
铝制 L30×45×2（白色）

填补防水材（底部间隔）

剖面详图　S=1：5

POINT 1

在通气层的进气口和屋檐下方装设铝制水切，让水切的形式更为简单利落。

【外墙水切】

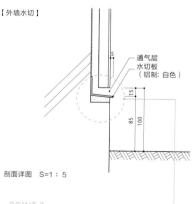

通气层
水切板
（铝制：白色）

15

85
100

剖面详图　S=1：5

POINT 2

把地基上的外墙水切做成斜面铝制水切。为了顺利排水，水切突出墙面5mm，做到最小化。

摄影：APOLLO

POINT 3

屋檐水切使用铝制材质做末端收边，以强调外观的直线设计。

摄影：APOLLO

POINT 4

外墙水切不做成立面形式，而采用翅片状设计，造型上给人俏皮的印象，同时也让外墙的外观更显简约利落。

POINT 5

末端和边缘设计经过了细致的处理，即便是木结构建筑，看起来也显得别致灵巧。

DETAIL
26 轻薄却能对抗风雪的
混凝土雨遮

A merit of sharp concrete eaves

在一些积雪量高达3m的高寒地区，建筑基线前面的道路边通常都会设置侧沟，以便堆雪。高寒地区的住宅由于容易积雪，除雪便成了居住者冬季每天的工作之一。采用钢筋混凝土结构的雨遮设计，耐积雪荷重的能力更强，设计时不妨多留意边缘的处理方式，让外观更显轻盈。比如可以将前面靠近边缘的部分薄化处理，即可降低钢筋混凝土所带来的厚重感。不过，这在钢筋的铺设和板模的形式方面必须留意许多细节，所以施工时最好能够和现场的人员做好充分的沟通。

如果想让雨遮的边缘或前端更加精致美观，不妨采用金属板塑造角度。金属板可事先在工厂切割，调整好角度，再运至现场安装。这就好比是为女士们做美甲，为雨遮制造出美轮美奂的造型，作为建筑物整体造型的收尾。

混凝土雨遮
对抗积雪

POINT 1
正立面看上去逐渐变薄的混凝土雨遮。尖锐的角度加上超大深度，让人对这座建筑的外观留下了深刻的印象。

POINT 3
为了给人以轻巧的印象，设计师专门采用三角形设计，但为了耐得住积雪的重量，也必须在全面铺设钢筋后灌入足够强度的混凝土。

POINT 2
图为冻结在雨遮上的积雪。雨遮必须要有足够的强度，才可能耐得住积雪的重量。

POINT 4
采用深型雨遮作为防护，即便积雪落下，也不致伤及外墙和玻璃。

顶端加装铝制金属板（W250）熔接固定、无收缩水泥填充、铆接防水

正面全面铺设钢筋

780

1 400

15 70

剖面详图 S=1：30

5

MATERIAL

日新月异的建筑材料

01 清水混凝土墙
流露打动人心的美

An exposed concrete to pour beautifully

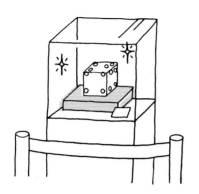

现在，钟爱清水混凝土墙冷酷表情的人已不在少数。不过要实现真正完美的清水混凝土墙，还需要相当的知识和经验。我们需要统筹每位身在工地现场的人员，同心协力地施工，才能完成纹理细致、特色一流的混凝土墙面。

要实现清水混凝土墙美丽的外观，首要条件就是水泥的强度。强度足够的水泥，墙面才可能光滑、匀亮。施作时要把墙壁内部的水分和空气降到最低。其次，板模施工需要较高的精细度，而且要做到完全防水，施作过程必须非常有耐性。在完成基本的施工以后，还必须确保洒水养护的工期。因此，在施工过程中，设计师必须和施工团队做好充分的沟通。用到清水混凝土的工程，选择有经验的团队非常重要，丝毫的失误都可能前功尽弃。能否找到经验较为丰富的设计事务所或施工团队可以说是成功的关键。

做好万全准备
呈现细腻质感

POINT 1
要在清水混凝土墙上体现细节和纹理感，在施作板模和钢筋时，都必须经过特别精细的安排和沟通。因为是一次成型的工程，所以只许成功不许失败。

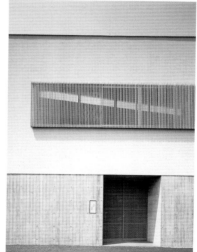

POINT 2
正立面的清水混凝土墙采用杉木模板打造而成，外观和一般的清水混凝土墙不同。板模采用原木模板时，尤其少不了防水养护的过程。

MATERIAL
02

自带腔调的
格栅

A louver grid as an accent

阻断外来视线，维护室内隐私是围挡设计的出发点，同时又不影响户外的光线和空气导入室内。如果是露台用的，大多数设计师都会采用格栅式设计。木条之间的排列间隔与室内隐私直接相关，因此，设计时需要具体掌握屋主的需求。如果想导入户外的光线，木条本身的角度也是设计的重点。至于通风，有时候为求采光反而会造成通风不良的状况，这时候格栅不妨采用可移动式设计。

格栅的选材方面，最常见的材料包括木材、铝材和不锈钢。选材时既要考虑整体设计，也要留意防火法规和完工后的维护。格栅最大的缺点是需要定期维护，不过，其拥有其他素材无可比拟的形式美感也是不可否认的事实。带有格栅设计的建筑立面除了显得很有秩序感之外，还兼具实用性。

功能性与
设计感兼备

POINT 1
外立面的格栅选用花旗松木条排列而成，居住者和行人都能享受到格栅式设计和清水混凝土墙的对比之美。

POINT 2
每条格栅的尺寸和间隔经过了细致的调整，由下向上看，每一个角度都看不到室内，既确保了隐私，也保障了采光、通风的效果，大大提高了居家的安全和舒适感。

03

经年芳华之美

木造外墙

A wooden board outer wall to
enjoy aging

日本传统的住宅外墙往往都是木造的，如今随着时代的进步，都市区的住宅设计对于火灾的防范意识提高，木造外墙都必须通过消防的检查。原则上，凡是容易造成火势蔓延的区域，纯木作的外墙是绝对禁止的，取而代之的是瓷砖或金属类等新式建材。单就外墙材料而言，目前日本出现了相当显著的"城乡差距"——地方市镇延续过去的习惯，价格低廉的纯木作外墙随处可见，而都市地区则因为消防法规的限制，大多采用经过不燃或耐燃处理、且价格不菲的特殊木料。

然而，都市居民对于天然原木的需求仍然存在，因为原木所带有的岁月磨砺和特殊质感是其他材质无可比拟的。原木外墙会连同住宅一起，在时间的洗礼中增添岁月痕迹，产生独特的触感，而定期的保养也会让居住者与房屋缔结一种真挚的关系。原木建材有着新式建材无法超越的年代感和韵味，因此，即便现代住宅日新月异，至今仍有不少人渴望被环绕在天然材质的住宅里。

外墙使用天然材料

POINT 1

这是二楼外墙铺贴木材板的商住两用住宅。利用木材本身会随着时间褪色变淡所产生的年代感为设计增添看点。

POINT 2

在造型别致的混凝土外墙上拼贴了一层极具质感的加州红木长条板，形成对比显著、形式突出的立面设计。

MATERIAL 04

维护方便的
金属钢板

A metal mesh board for maintenance

最近十几年来，外墙材料的研发日新月异，要求采用免维护、免保养材质的业主也与日俱增。这显示出许多业主期望在购屋之余，尽量节省日后房屋维护的费用。而降低住宅的维护成本，就必须要把功夫下在最初的选材上。

金属外墙之所以受到青睐，除了外观更有特点外，另一个好处就是不需要在维护上花费任何心思。镀铝锌钢板和热浸镀锌钢板几乎已经成了时下住宅必然的选择。金属外墙的铺设方法非常之多，最好能在发挥创意的同时，选择最合适的方式。外墙的防水程度也会因为不同的铺设方式而改变，因此在铺设之前，必须充分了解材质本身的特性。此外，由于材料的颜色也丰富多彩，建议最好能够事先了解建筑场地的光线折射情况，以及可能产生的整体印象。毕竟，建筑本身与周边环境的协调性也非常重要。

铺设方式不同
带来的别样表情

POINT 1

银灰色镀铝锌钢板搭配清水混凝土墙的立面，巧妙的明暗对比营造出建筑物立面的厚重感。金属板越厚，越不易变形。

POINT 2

整面墙的镀铝锌钢板都以"一"字形接缝铺贴，产生的水平线纹理是建筑外观的重点所在。钢板本身的宽度和钢板之间的间距都经过了详细的计算。

147

05 不断进步的建材 1

高性能涂料

Evolving high-functionality enamel

外墙的性能很大程度上是由外墙涂料决定的，这么说一点也不为过。如今，我们在清水混凝土墙外层所涂刷的透明保护剂，比30年前已经有长足的进步。过去的保护剂主要有两方面功用：既能够渗透进墙面细缝，同时在墙面上又形成一层保护膜。而现在许多钢筋混凝土建筑的外墙则因为涂刷了新式的保护剂，寿命比以往更长久。此外，光触媒涂料也是其中进步最为显著的外墙涂料之一。倘若在清水混凝土或瓷砖外墙上涂一层具有亲水性的光触媒涂料，不仅可以净化空气，还具有自我清洁的作用。光触媒涂料甚至可以涂在玻璃面上，若能事先涂刷在后期最难清扫的采光罩或高窗部位，之后的维护工作会变得简单许多。当然，这类涂料的初期费用并不便宜，因此不妨在设计初期就统筹好后期的维护费用和施工估价，这样就可以先对整体的经济指标有合理的把控。

选好涂料

长保外墙品质

POINT 1

表面装饰有杉木纹理的清水混凝土墙，在外层重复涂上多层高性能保护剂涂料，延长外墙材质的肌理纹路寿命。

POINT 2

白色外墙是这栋住宅的一大特征，但要长期保持干净美观，最有效的方法就是涂刷光触媒涂料。由于光触媒涂料亲水性良好，雨天时可自动清洁掉外墙脏污。

MATERIAL
06

不断进步的建材 2
木地板

Evolving flooring

原木长久以来都被用作地板的材质，因其自然健康的特点，一直享有较高人气。但许多原木地板价格昂贵，很多人都望之却步。不过，目前市场上平价的原木材料地板其实种类不少，入手并没有想象中困难。不仅尺寸规格齐全，花色繁多，还有可用于地暖的原木地板，可谓应有尽有。由于原木具有调节湿度和消除异味的效果，特别适合过敏体质的人士选用。施工方面，因为木材具有冬季干燥收缩，夏季吸入湿气膨胀的特性，施工时一定要记得保留适当的余量，避免产生挤压变形或松动脱落的情况。

除了原木，实木贴皮的三合板地板也比过去改进了许多，市场上甚至可以买到贴有2～4mm实木的厚贴皮地板，外观看上去和原木没有任何差别。贴面会因原料不同而自带不同的纹理，所呈现出来的原木表情也大相径庭。此外，有些地暖专用的原木板，因为是在工厂制成的现成品，价格比较实惠，相对也更容易保养维护，因此颇受市场好评。选材时，应该充分掌握地板材质本身的特性，完工后则必须使用天然保养油或保养蜡定期维护，以确保木材的美观和质量。

实木地板
赋予空间温暖的意境

POINT 1
地板和天花板同样采用樱桃木材质，不仅为房间带来温和的暖意，还与清水混凝土的墙面相得益彰。

POINT 2
客厅等公共空间装有地暖，建议选用不会扭曲变形的复合木质地板。

07 不断进步的建材 3

甲板材

Evolving deck

露台地板一般都会选择实木拼接的甲板材。尤其是出产自热带地区的柳桉木，由于产量丰富又种类繁多，一向都被视为木造住宅外部设计的基本材料。不过尽管耐水性强，粗犷的造型也魅力难挡，但它容易因阳光照射而褪色，因此完工后务必要记得使用保养涂料稍作维护。有些种类的木材也可能在雨后发生渗出的情况，因此施工前必须加装水切，避免造成外墙污损。近年来市面上出现了一些树脂塑料和木料的混合材，解决了甲板材原有的缺点，不妨视情况搭配使用。

除了木材，露台设计的另一个高人气材料就是格栅板。一般来说，格栅板大多采用不锈钢或FRP材料（纤维增强复合材料），既不需要做防水处理，又经久耐用。部分地区可利用格栅板的设计免受建筑容积率的限制，因此格栅板也非常适合用在都市住宅中。甲板材过去大多只是随意铺设，建议多留意铺设后对整体设计带来的影响，适度调整木板的间隔尺寸和其他细节。

结合不同用途

选择不同材料

POINT 1

使用再生木料做成的甲板材，可以为环境作出一定贡献。这种材质本身已经混入树脂材料，既保留了木材本身的质感，又不用担心褪色等状况发生。

POINT 2

天然加州红木的耐久性十分突出，用它制成甲板材更有优势。由于天然木材的颜色并不统一，更能为整个空间营造出自然的风貌。

MATERIAL

08

提高住宅格调的
全瓷瓷砖

A ceramic tile to enrich a tone

全瓷瓷砖是最能提升住宅格调的代表性建筑材料。它质地坚硬、表面紧实，特别适合需要表现张力的空间。瓷砖有陶质、粗陶质、赤陶质、瓷质等种类，其中，全瓷瓷砖的吸水率低于1%，因此就最适合用于用水位置和室外。不过作为用水位置地板时，应该避免使用表面平滑的材质，建议选择经过防滑处理的瓷砖。

一般的瓷砖周边大多做了柔化处理，铺设之后线条较为柔缓。但全瓷瓷砖四周大多是像石头切割一样的直角断面，铺设之后瓷砖和瓷砖之间非常密实，比较容易营造出天然石材一样的风格，空间也会衔接得更紧凑。由于全瓷化瓷砖的外观光滑细致，且大多带有花样和纹路，应用时不妨多多留意细节部分，譬如尺寸、铺贴方式、铺贴间隔、颜色以及是否采用特殊拼花等，同时兼顾创意和功能性，并进行合适的监管，确保瓷砖采用了正确的施工工法才可能真正达成完美的设计初衷。

无缝铺贴法
营造天然石材般的紧凑感

POINT 1
图为用水位置的瓷砖贴法。选用质地细致、色泽较不抢眼的瓷砖，以营造出如同高级酒店一般的空间格调。

POINT 2
房间的墙壁以清水混凝土为主，采用无缝贴法的亮黑色全瓷瓷砖为空间带来一丝稳重和秩序感。

09

营造气派的
车库大门

A garage shutter to produce door proportion

车库的大门设计就相当于住宅正立面的大门设计，安装之前需要慎重。好的设计创意能够营造出一面代表住户品位和格调的车库大门。

车库门的种类繁多，主要有上下折叠门、左右双开门、横向推拉门、内外翻板门等。除此之外，选择时还必须配合住宅的地理位置和建筑本身的造型。材质方面更是相当齐全，不锈钢、铝质、木质应有尽有。有些厂家甚至还在大门上附设消防器材，满足住宅的防火需求。

近几年来，车库不再只是停放汽车的空间，更是收纳其他机动车、自行车及配件的空间。因此，住宅内若能够预先规划一处小型车库，轻型交通工具即可随时取用，增加了使用上的便利性。在设计之初，应特别留意大门设计的实用性，而不应只专注在外观的设计上。譬如车库的通风，可能需要安装用来排出车辆废气的通风扇。此外，选用易维护的照明设备和避免洗车时造成地面积水的排水斜面等，都应列为设计时的重要考虑。

木制格栅提升外观形象

POINT 1
车库大门和露台围栏采用相同的木制格栅造型，为正门入口营造出极为别致的表情，也提升了住宅本身的格调。

POINT 2
横向推拉式大门因兼具入口玄关的功能，柔化了车库原本给人的呆板印象。

MATERIAL

10

家的象征
入户大门的设计

An entrance door as a symbol of a house

如果家中有访客到来，最初看到的就是住宅的入户大门。因此设计时，必须留意大门的每一处细节，和整体外观相协调。素材和颜色的选择自不用说，由于大门的尺寸、厚度及把手的设计等都会影响到住宅的整体风格，因此绝不可轻易忽视。在设计之初，就要注意大门的亲近感。

由于近年来住户的防盗意识不断提升，从一般的防盗锁到电子锁、指纹识别锁，安全系列产品不断推陈出新，选择之前，要先确认好大门的规格标准。唯有兼顾安全性和实用性，才可能设计出一扇堪称完备的入户大门。

此外，倘若能够进一步明确掌握大门和玄关的不同作用，并且让客人产生对室内有所期待的心情，就会是最成功的设计了。

利用大门的设计保证家庭隐私

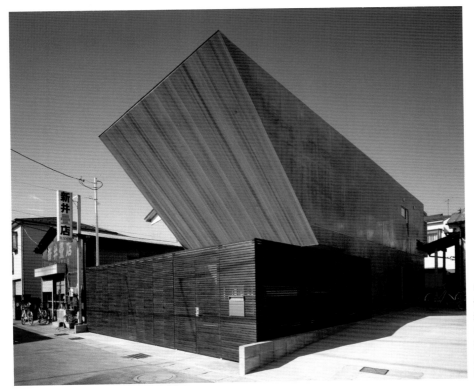

POINT
住宅的入户大门采用和倾斜外墙上所贴的加州红木不同色调的木作格栅，让整体外观产生强烈的对比，同时也确保了居住者的生活隐私。

11

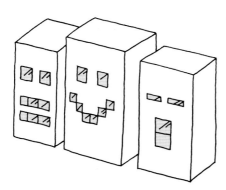

将玻璃做成砖块的样子，赋予其一定的厚重感，而其本身又是透明的，玻璃砖就成了独树一格的建筑材料。以石材建造房屋是西式建筑的常用手法，墙壁厚重、坚固且牢靠；日本则常用木造纸墙作为建筑的墙壁，偏向柔和、透明。而玻璃砖正好是两者的折中，也因此备受新式住宅青睐。

由于玻璃砖的内部是中空的，因此其耐热和隔音的效果良好，防盗功能又不输给一般砖墙。此外，由于施工时会加入钢筋，因此抗震强度也是足够的，非常安全。除了透明玻璃砖，另一种半透明（乳白色）玻璃砖的使用效果和日式纸门相似，可用来取代过去的日式拉门，毫无违和感。倘若把玻璃砖横向排列，还可以营造出外国电影里常看到的"空中楼阁"。设计时不妨配合住户的个人喜好，选择合适的材料，自由发挥匠心。

带有独特表现力的
玻璃方砖

Glass block to make expression of a façade

用玻璃砖掌控光线

POINT 1

由于玻璃砖本身独特的外观，用作外墙材料会立刻形成视觉上的焦点，同时，光线从室内溢出来，让人印象深刻。

POINT 2

乳白色的玻璃砖既能够产生日式纸门般的柔和光线，又可以完全阻断外来的视线。

MATERIAL

12

住宅的保护伞
大型雨遮

Large eaves to protect a house

虽然屋檐和雨遮自古以来就是日本住宅不可或缺的要素，然而都市住宅寸土寸金，人们都在不遗余力地扩大室内空间。因此除了玄关部位，几乎很难在住宅的其他位置看到雨遮的踪影。也因为都市建筑日渐增高，加上建材和外墙的日新月异，原本用来保护外墙的雨遮便逐渐式微。

不过相对的，住宅建筑的窗户面积同样也在日渐增大，于是窗外雨遮再度受到设计师的重视。窗外雨遮不仅可以保护窗框和玻璃，还具有调节日照的功能，因此除了本身的设计感外，设计时还必须找到雨遮的最佳角度。尤其值得留意的是，除了功能方面，雨遮对住宅正面的设计也有莫大的影响。

设计大型雨遮时，可能的话，应让前缘看起来越薄越好。不仅正面，从侧面看也必须给人轻巧的印象。同时，设计的重点乃是经过缜密计算得到雨遮在室内的阴影大小和方位，以便为内外空间创造出最完美的光影对比。

雨遮形象融入整体设计

POINT 1

向上仰望偌大的屋檐，会立刻感受到一股压倒性的存在感。室内照明在屋檐下营造出柔和富有层次的光影，让人对整体外观产生极深的印象。

POINT 2

设在大型落地窗上的大型雨遮，不仅具有调整日照等功能，也是决定整体设计感极为重要的要素。

13 一体成型的
不锈钢厨房

A stainless steel kitchen built with molding

厨房的料理台面板使用最多的要数不锈钢材质（SUS）。有一种把面板和水槽等零件无缝焊接在一起的工艺，我们称为"一体成型"。这种形式既可以增加厨房设计的整体感，同时也能提高厨房的存在感和品质感。而无缝焊接最大的优势无疑是不容易藏污纳垢。

不锈钢材质最常见的表面处理方式，是一种先破坏和打磨表面，而后对其抛光的处理法。其中尤以拉丝不锈钢工艺最受大众青睐，这种工艺方法的优点是细致、美观，还可以让刮痕不那么显眼。通常不锈钢材质一旦刮伤，就非常容易滞留污垢，且不易清洗，因此建议选择时最好能够考虑到居住者的使用习惯和家庭性格。料理台面板的厚度关系到使用寿命等问题，因此钢板的厚度不能低于1.2mm。此外，为了避免施工和安装时发生刮痕或磕碰，设计之前务必事先确认面板的最大制作尺寸和搬运方法。

一体化不锈钢料理台带来空间震撼力

POINT 1
不锈钢一体化厨房和清水混凝土墙是一对绝佳组合，也是许多追求专业和正宗料理达人的最爱。

POINT 2
面板和水槽一体成型的不锈钢厨房大大提升了空间的质感。表面经过拉丝处理，也让料理台更方便使用和保养。

MATERIAL

14

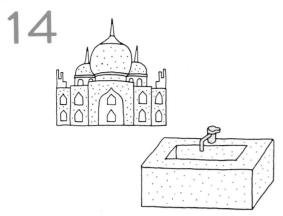

一体成型的
人造大理石洗脸台

Artificial marble dresser built with molding

说到洗手间中的洗脸台，一般人都会选用人造大理石材质。它的主要成分是亚克力树脂和聚酯树脂，硬度高且抗污性强，因此是住宅用水位置最受欢迎的材料。台面的颜色从干净的白色到深邃典雅的黑色，不仅有单色系，还有颜色丰富的彩色系列，可根据装修风格自由选择。但应当注意，人造大理石毕竟不比天然大理石，硬度相对较低，且不耐高温，选用前一定要考虑到这两个缺点。

和不锈钢材质一样，人造大理石也可以利用无缝拼接工艺，台面和水槽一体成型。无缝的程度需要特别注意，倘若精度不够，接合处很容易藏污纳垢。另外，底部的斜面必须做得精准。排水口的五金若在施工时未能做到完全接合，以后很可能发生漏水等问题。一般来说，10～12mm厚的材料比较容易加工。设计时需要将材质一并考虑进去，才能完成最耐用的水槽设计。

POINT 1
一体成型式白色洗脸台，没有接缝，真正实现了抗污性强的目的。好清理、易维护是它大受好评的秘密所在。

摄影：APOLLO

采用人造大理石
实现设计的自由

POINT 2
这是特别定制的人造大理石洗脸台，很有视觉冲击力，细节上的处理充分展现出成品洗脸台所缺乏的整体感。

摄影：APOLLO

POINT 3
厨房料理台也可以采用人造大理石材质，令人印象深刻。由于人造大理石的硬度比一般不锈钢要高，玻璃杯之类的易碎品如果不慎掉入水槽很可能会立刻破碎。

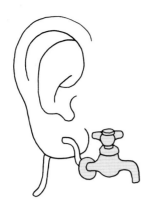

统一材质的风格

卫浴五金

Water-circumference accessories to
take out individuality

使用频率极高的浴室五金件，一般需要考虑的除了功能性和安全性之外，还有与整体设计的协调性。由于浴室是每天和身体接触最多的空间，不仅要注意视觉感受，选材方面也应该挑选质感更好的产品。

尽管卫浴五金的功能不断提高，也有许多推陈出新的产品，选材时仍要特别注意——即便是市场上的进口产品也有不少存在缺陷。另外，选择这类小零件时，最容易忽略的就是尺寸大小。只在网络上查询商品信息确实能大致掌握外观和造型，但是尺寸是否真正适用，在收到实物之前都不容易判断。因此对于真正看中的产品，最好能亲自跑一趟商场或展示中心，确认后再行购买，如此就可以免除退换货等手续的麻烦。

无论是选择高档还是中低档不锈钢材质，统一素材也是设计时的重点。大多数情况，不亲眼看见实物，很难辨识不同产品之间的些微差距，譬如光泽和触感。因此在顾及整体设计之余更要审慎选材，以避免出现设计方案和最终效果产生过大落差。

选择风格统一的卫浴产品

摄影：APOLLO

POINT 1
水龙头、莲蓬头和把手等卫浴五金，在选择的时候要有统一的风格，才能让居住者爱不释手。

摄影：APOLLO

POINT 2
洗脸台和卫浴的五金设计要协调搭配，营造出空间的整体感。选材前，最好亲自到样品展厅进行挑选，尤其必须留意尺寸的大小。

MATERIAL

16

令人印象深刻的
大门装饰

Accessories for an entrance
to enrich impression

除了建筑正立面的外观，正门入口处的门牌、信箱等外部装饰物也是决定住宅印象的重要因素。现在越来越多人愿意采用定制的、不锈钢等材质的装饰物，并且和对讲机、玄关灯具等相搭配。一般请设计师和工程方为自己打造住宅的住户，都会希望能够通过细节的设计，表达出自家的风格，并通过特殊的造型和字体，表现出与众不同的个性。

此外，大都市里的丁克族尤其需要安置快递箱。由于网络购物已经成为许多人购物的重要途径，因此快递箱的尺寸也有逐年增大的趋势。做立面设计时，建议事先安排好信箱、快递箱安置在墙壁的位置，并做好墙壁的耐力评估。可能的话，最好能够在设计之初就将这部分纳入预算计划。

入户大门的个性表现

POINT 1

正门入口的住宅门牌，采用方正的字型、立体式的安装方法，以制造出独特的阴影效果，也创造了入口处与众不同的个性。

POINT 2

为了表现住户的品位而特别定制的信箱。信箱上安装了对讲机和地址门牌。入户正门是客人第一眼看到的地方，因此尤其要注意标志、材质等细节的设计。

159

17

窗饰
让室内设计印象更深刻

Window-treatment to get a window impressive

现代建筑的一大特征就是开窗变大了，而玻璃的隔热性能就成了最需要关注的功能性问题。窗帘、百叶窗之类的设计被我们统称为"窗饰"（窗户上附着的装饰），这就意味着，除了功能性之外，设计师对于窗户的设计有着极高的要求。比如，设计时若决定选用百叶窗，应根据目的和用途，从卷帘式、横向式、纵向式等款式当中挑选出最合适的造型。窗帘盒的配置也需要事先留意宽度、深度及窗帘本身的厚度，再配合结构设计，制订好必要的施工计划。

由于百叶窗对空间的形象具有极大的影响，设计时应视同家具或挂画一样来考虑。倘若忽视了百叶窗的材质、颜色和空间的平衡，最后的效果肯定大打折扣。至于窗饰的费用，因为数量一多就会所费不菲，建议在做建筑预算的同时就包括这笔预算，以免在施工期间被迫追加经费。

木制百叶窗为空间带来视觉冲击力

POINT 1

在窗帘盒上方装设间接照明，从窗片间透进来的自然光线显得更为柔和，进而大大改变了室内空间给人的印象。

POINT 2

纵向百叶窗的垂直线条可以让室内的净高看起来更高。选择木制窗片可以营造出温馨舒适的感觉。

MATERIAL

18

设计性强的小细节
开关面板

High-designed switch plate

小小的开关面板是每个家中都不会缺少的零件。也正是由于开关在空间中无处不在，设计时更应当花心思斟酌它们的造型、材料和颜色。如今，为了能够搭配整体空间的设计，开关面板的种类极为丰富，选择也就多种多样。不过，倘若没有特别指定，一般设计师可能会选用最常见的形式，因此，最好能在设计图上特别注明指定的用料和型号。

除了面板，开关本身的造型也如雨后春笋般出现了许多不同的新形式。譬如可以在合适的房间里设置摇头开关（用手指夹住上下拨动），突显空间的存在感，展现设计的趣味性。或者采用可调节光线强弱的大型开关面板，甚至不用面板，直接把开关做在墙壁上。总之，凡是日后居住者每天亲自接触的位置，都该特别留意，不能轻视。

细节设计展现趣味性

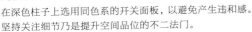

POINT 1
在深色柱子上选用同色系的开关面板，以避免产生违和感。坚持关注细节乃是提升空间品位的不二法门。

POINT 2
有一定厚度且造型简洁的开关面板，适用于所有的空间，是住宅设计中的一大法宝。

摄影：APOLLO

POINT 3
通过选用特殊的材料和形状，让普通造型的面板也可以立刻提升空间设计的品质。

6

SITE

营造绝佳的居住环境

SITE
01

与周边环境融合
的场所设计

A site planning in consideration
of surrounding circumstance

每一所住宅的基地周边都有其特定的风景。设计师必须让建筑融入周边的环境，并在此基础上创造出新的景观，才能算是专业的住宅设计。因此，新住宅在设计之先，最重要的就是对前人所筑就的场所抱有敬意，同时不能让新家为周边环境带来突兀感。这不仅是对自然和周边环境最基本的礼仪，更因为只有怀着谦卑的心顺从环境、融入环境，才能建造出完美的住宅，创造出美好宜人的居住环境。

山有山之道，海有海之理，丘陵亦有丘陵的法则，我们需要适应它们，而不是违逆改变它们。只需要恰巧把建筑物摆放在自然界里，让建筑和环境合为一体，就能达到浑然天成的效果。因此在场所设计时，务必尽己所能做到"无痛着陆"。倘若曲解了这个道理，即便建筑的本体再美观，有违和感的建筑也势必难以长存。在整个设计过程中，必须多聆听当地住户的分享和建议，以便真正地掌握基地环境的特色，摸索出最好的呈现方式。

原生的自然与人造的"自然"

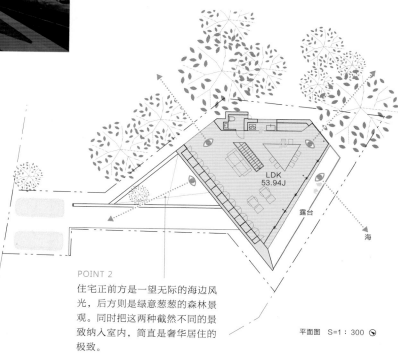

POINT 1
为了避免围墙容易产生的封闭感，用这个大型的对外开口充分使周边的风景和自然融入到室内。

POINT 2
住宅正前方是一望无际的海边风光，后方则是绿意葱葱的森林景观。同时把这两种截然不同的景致纳入室内，简直是奢华居住的极致。

平面图　S=1：300

住宅与环境完全融合

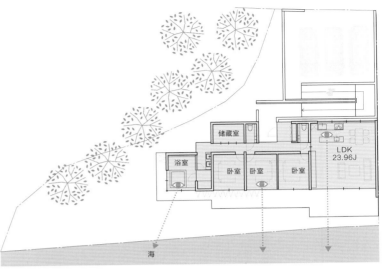

平面图　S=1：300 ◉

POINT

这栋别墅位于一座自然公园内，前方有漫无边际的海洋景观，如何将周边环境纳入室内便成了设计的重点。外观采用单纯的钢筋混凝土设计，更容易与四周自然美景打成一片。

建筑设计体现基地特点

POINT 2

利用造型突出的露台保护室内的隐私，遮挡来自路人的视线，同时也不妨碍把外面的美景纳入室内。这个场所设计成功营造出仿若山间小屋才有的景致。

POINT 1

紧邻住宅的庭院和隔壁的大树成为了家中的借景，居住者从客厅就可享受到周边的盎然绿意。

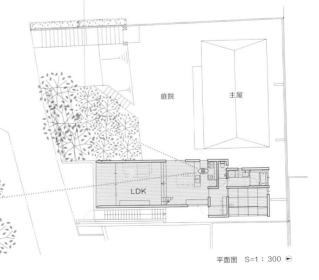

平面图　S=1：300 ▶

165

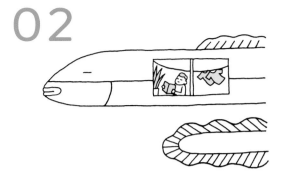

SITE

02

长屋的
采光通风小窍门

A smart way of lighting and ventilating on a site of
Unagi-no-nedoko(long, narrow house)

在日本，人们习惯把正面狭窄、进深较长的建筑称为"鳗鱼寝床"。这类建筑最常见于京都的民宅中，通常会把外立面的开敞部分发挥到极致，过去多是商铺在前、客厅和卧室在中后部的基本格局，类似现代SOHO族的商住两用建筑。这种格局的形成有其历史原因，江户时代的税制是以住宅正面的宽度作为课税标准，当时的面宽规定不得超过两间（3.6m）。

为了充分利用基地的宽度，人们在建造房屋时不得不尽量缩小和邻地的距离，把正面设在建筑地块较短的一边，并努力确保室内的通风效果。另外，建筑正立面往往设置大型开口部来采光，还可以在挑高的天花板上装设天窗，夹层和中庭的设计也有助于突显空间的实用性。过去日本所谓的"长屋"，都会在"土间"（相当于玄关，是一处与室外地面同高的入户空间）和居室之间安排一条通庭，目的就是为了把光线和空气导入原本幽闷阴暗的室内。这些传统的手法如今用现代的眼光重新诠释，为原本空间拮据的小型住宅带来了新的活力。

中庭带来的风和光

POINT 2
住宅正立面采用格栅式设计，保证了内外空气的流通，在创造舒适的生活环境方面发挥了关键作用。

POINT 1
在长条形平面的住宅中设置中庭，能够为室内带来良好的通风和采光效果。

POINT 3
因为有中庭射进来的柔和光线，室内给人窗明几净的感觉，窗户可以随时开启，让居住者得以在舒适的微风中享受居家生活。

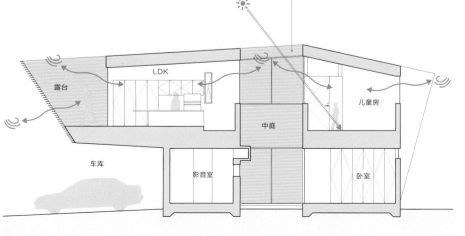

剖面图 S=1：120

高窗引入光和空气

POINT 2
高窗可以引入自然光线，并且创造出复杂的光影效果，让光线直接深入到室内的每一个角落。

POINT 3
嵌入式窗口和排气窗造型相似，营造出正面设计的一致性。

POINT 1
在挑高空间的上方设置排气窗，采光和通风问题都得到了解决。

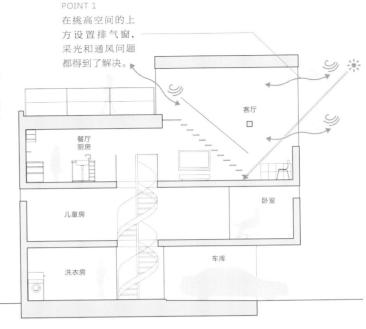

客厅

餐厅
厨房

卧室

儿童房

车库

洗衣房

剖面图 S=1：120

天窗引入自然光

POINT 1
在天井上方设置一扇天窗，将自然光线引入到楼梯的死角。

客厅

餐厅
厨房

卧室

儿童房

浴室 洗衣房

车库

剖面图 S=1：120

POINT 2
在因为高度限制而造成的倾斜壁面上安装采光窗，借此达到采光的效果，也减轻了倾斜壁面所产生的压迫感。

POINT 3
从天井散射进来的柔和光线产生出类似聚光灯的效果，照亮了整个楼梯。

03 转角地块与建筑外观的关系

A luxurious urban-flat
on the life-style

我们通常说的建筑外观，其实是指建筑物的"正立面"。实际上，最有利于外观设计的环境，就是有着多个转角面的地块，而不是单面对着道路的地块。因为转角面一多，设计师可以利用不同的视角，创造出更为丰富的外观表情，让建筑的外观随着视线移动产生不同的样貌。

假如建筑物的位置正好位于视野良好的十字路口转角上，设计师自然会希望把正面设计得更别致些。设计时不但要考虑行人的视线，甚至会顾及车辆行进中驾驶人的视线，试图创造出具有多角度性格的正面。另外在设计的同时，也必须留意是否符合建筑规范。例如，日本的建筑法就有转角房屋面对的道路宽度如果不足6m，则建筑物必须向内退让等规定。转角设计的建筑很容易就成为这一地区的地标建筑，每一个角度都能感受到它的美。

撷取街角的景色

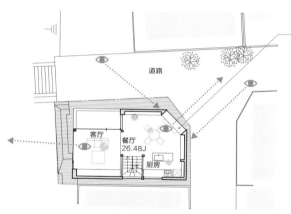

2F 平面图 S=1：300 ⊕

POINT 1
在面对街角的位置设置一处大落地窗，既可以把光线导入室内，又能享受到街角的绿意和美景。

POINT 2
由于基地形状和高度限制等条件制约，反而形成了独树一致的都市住宅外观。

POINT 3
东面的超大窗口不仅导入了街角的绿意，因为采用的是有通风作用的细框落地窗，还能让居住者随时感受到清风吹拂的舒适感。

充分利用街角发挥创意

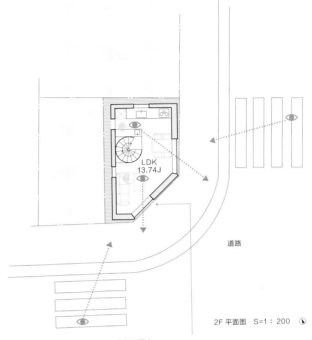

2F 平面图 S=1：200

POINT 1

利用街角切出的三个面构成了建筑的整个外立面，不仅与环境协调统一，也成为这个街区别具特色的地标。

POINT 2

看起来像西洋棋盘一样的设计，把立面的外观规划得井然有序。随着观察位置的改变，人们能够享受到完全不同的建筑表情。

正面和侧面的别样风貌

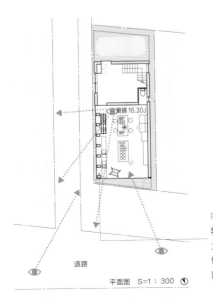

平面图 S=1：300

POINT 2

框架结构的梁柱设计，本身就是店面装潢的一部分，同时也大大提升了空间的质感。

POINT 1

特殊造型的混凝土柱子等距配置，立面更有地标味道，而从正看和侧看，同一栋建筑有着完全不同的风貌。

POINT 3

一楼店面部分的落地玻璃搭配混凝土的柱子，和二楼住宅部分的木板外观形成了极具对比性的设计。

SITE

04 可以充当门庭的
旗杆地块

A flag-like site to
make use of an approach

如果你的基地内有一块宽度较窄、长度却很深的地块，设计师通常会先确保主建筑所在地的方正完整，然后把剩余的、长度在2m以上的入口部分基地视为"旗杆地块"。相同大小的基地，一般方正土地的价格较高，而理所当然，附带一块旗杆地块的土地则会便宜许多。便宜的理由除了因为四周被邻居的住宅围绕等问题，本身细长形的土地也难以有效利用。

因此，设计师就必须对旗杆地块做些特别的处理。譬如面对邻居的外墙部分完全封闭，把它设计成内部中庭之类的开放空间，以便让居住者感觉不到基地天生的缺陷。此外，如果旗杆部分恰好可以作为通道，则可利用外推的手法，做成漂亮的门庭空间，为建筑物打造出一个幽静的玄关入口。相对于受限的外观来说，多在内部设计上下功夫，可以让居住者享受到与外观不一样的体验。

POINT 2
利用通道的空旷，实现了一面仿佛建在街道转角处的高开放式立面设计。

POINT 3
入口设计在面对通道的方向，既可确保南面的采光，也为室内带来了更为宽敞的户外景致。

利用旗杆地块的
宽度调整设计

POINT 1
两处并排的旗杆地块形成了一处宽4m的通道，由于无法搭建任何建筑，设计师便将建筑主体的入口朝向通道，借以提升建筑物本身的开放性。

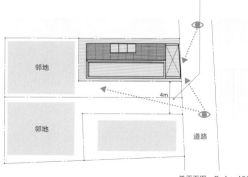

总平面图　S=1：400

赋予门庭生命力

POINT 1
格栅围成的L形花园露台，
有效利用了因为城市规划而
突出的面积。

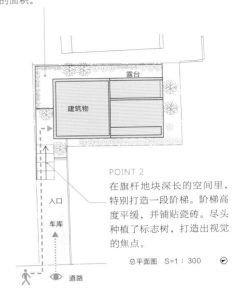

总平面图　S=1：300

POINT 2
在旗杆地块深长的空间里，
特别打造一段阶梯。阶梯高
度平缓，并铺贴瓷砖。尽头
种植了标志树，打造出视觉
的焦点。

POINT 3
拥有足够深度和宽
度的旗杆地块，不
会给人压迫的感
觉。利用植物作为
装饰，表现出深邃
优雅的品位。

有效利用入口的旗杆地块

POINT 1
深长的门庭让人可以在公共空间和私密
空间之间切换。不妨利用外推的门庭所
形成的空间，营造别具一格的立面设计。

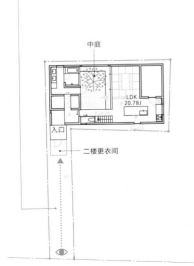

1F 平面图　S=1：400

POINT 2
在细长的入口处尽头设置一方舒适的中
庭，为空间制造出意外的反差，让内外
产生更明显的对比。

POINT 3
把建筑物面向旗杆地块的一面墙向外推
出，形成底层挑空式设计，除了充分运
用有限的基地，也为住宅创造出别具个
性的立面景致。

05 密集住宅区的
私密与开放平衡术

A skill for privacy on residential area

在一些较新的住宅区里，住户的私密性一直是最重要的课题。由于居民本身大多拥有较强的隐私意识，因此整个住所，不论是外墙、玄关、庭院等都格外讲求隐私性。也因此，在进行玄关、车库、入户门设计时，除了要为业主装点门面，想要真正解决私密性的顾虑，就必须留意和周边街坊的协调，小心翼翼地进行设计。

当然，如果在紧邻道路的基线附近设置大门，然后把内部设为隐私区域确实可以防止外人的干扰。然而，过于追求私密性也可能造成住宅本身过度封闭，导致自家在街坊之中十分孤立。因此，如何在四周住宅和街坊的互动及私密性之间取得恰当的平衡才是设计的重点。

钢构架外墙打造私密性

POINT 1

一层采用的是挑空的设计，在住宅内外之间打造出一个过渡空间，恰到好处地开放感使室内不至于过度封闭。

POINT 2

这是二楼LDK房间向外看到的景象，采用钢构架外墙作为视线遮挡。重点在于不影响通风，因此特地设计了镂空的底部。

既不影响采光
又能阻挡视线

POINT 1
露台的地板采用不锈钢格栅板，可以遮住路人向上看的视线。一楼的挑空也可以从格栅板透入更多光线，大门入口处不会给人留下阴暗的印象。

POINT 2
住宅正面的外墙采用半透明的毛玻璃阻断户外的视线。由于光线仍可以透过毛玻璃照进室内，室内的舒适性没有因此降低。

对外封闭
对内开放

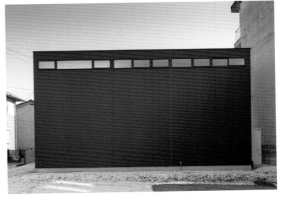

POINT 1
住宅内侧的中庭空间采用落地玻璃窗，和外侧空间形成了明显的对比，大大提高了住宅内的开放性。建筑物本身是L形，所围合出的中庭自然形成了一处高隐私的对外开放空间，内外彼此呼应，宛如一体成型。

POINT 2
为了确保内部的隐私性，着意减少了面对道路的外墙上的窗户。一楼完全不设外窗，二楼则设有细长形高窗，用以采光和通风，同时也阻断了来自户外的视线。

06 住宅区的
防盗设计

A design for security on residential area

在平日闲静的住宅区里，对于防盗总会有较高的要求，因此设计时必须格外留意居家环境的安全措施。尽管我们可以在玄关、入户大门、窗户等与外界互通的部位设置牢靠的锁和开关来降低居住者的担忧，但我们仍需要考虑对外开口部分的大小和位置，而非完全倚靠五金部件来避免意外，这是设计时的一大重点。

譬如一楼的窗户，可以采用即便打碎玻璃也无法闯入的细长形高窗或低窗，玻璃还可以贴一层防盗贴纸，延长窃贼入侵的时间。入户大门若采用高墙包围，遇到闯入者有可能神不知鬼不觉，反而更加危险，因此许多设计师宁可采用格栅之类的半透明材质，让外侧可以看到内部的动静。当然，防范盗贼最好的方法还是和邻居共同守望相助，在这个前提下，再决定选用开放或封闭的设计，这样才能设计出真正安全、放心的住宅。

高墙围合出的
安心居家环境

次露台
9.61J

LDK
23.47J

卧室
7.21J

主露台
14.64J

1F 平面图　S=1：150

POINT 1
入口大门采用单扇门片的大型推拉门，限制了出入口的空间，能够提高防盗效果。

POINT 2
构筑高耸的外墙避免盗贼闯入，让居住者安心生活是防盗设计最基本的要求。

POINT 3
外墙上一扇窗户也没有，目的是为了给人戒备森严、切勿擅闯的印象。

POINT 4
在三面紧邻道路的基地上，采取高墙环绕的设计，封闭的外观完全难以想象到内部的开阔和宽敞。

外墙与门窗协调统一

POINT 1

门扇和外墙统一铺设镀铝锌钢板，形成整面如黑板一般的醒目外观。打开大门，映入眼帘的是玄关通道。

POINT 3

玄关倘若直接外露，不免让居住者忧心。一旦围上门板，即刻高枕无忧。

POINT 2

门扇和外墙造型统一，使住宅正立面不仅具有突出的一致性，也给人安全无虞的印象。

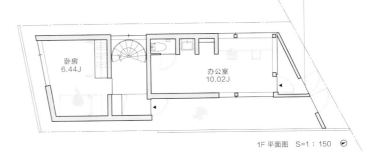

卧房 6.44J

办公室 10.02J

1F 平面图　S=1：150

车库大门兼作入户大门

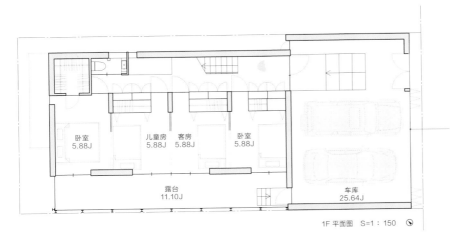

卧室 5.88J

儿童房 5.88J

客房 5.88J

卧室 5.88J

露台 11.10J

车库 25.64J

1F 平面图　S=1：150

POINT 1

车库和入户大门合而为一，既可强化外墙的设计感，也能提高防盗效果。

POINT 2

入口大门采用格栅式设计，这样做的目的是提高防范性能，由外面也能观察到车库和玄关的动静。

POINT 3

车库大门和入口大门不仅具有统一的造型，同时还能提高防盗效果，并营造出具有整体感的立面设计。

07 与自然共生的
海滨住宅

A house to coexist
with seaside environment

周围是大自然环抱的基地，最适合打造舒适的居住空间。尤其是海边的基地，住宅的设计潜力可以被充分挖掘。这类可以眺望地平线、享受浑然忘我境界的空间，是最适宜建造别墅的环境。不过，享受自然的另一面，往往是要与严酷的自然环境共处，面对的问题也不少。

例如住在海边，首先面临的就是盐害问题。外墙和所有对外的开口自不用说，就连安装在室外的空调机组也必须特别考虑盐害的防治措施，譬如加上一层保护盖，否则就会减损其使用寿命。其次，强烈的日照也需要特殊对策。尤其是外墙和安装在户外的五金最易折损，建议不妨选择容易维护的类型。此外，对于海边特有的海风和季节性的台风，设置防雨窗等措施也是必不可少的。不过话说回来，尽管存在着海水倒灌、海啸等隐患，然而只要多花心思定期维护，仍然不失为一处舒适惬意的生活空间。

用心维护舒适的居家环境

POINT 1

大落地窗外侧是露台空间，居住者可以从室外维护房屋。尽可能让舒适的居家环境维持长久，是滨海住宅的设计重点。

POINT 2

能远望大片海洋的浴室，是身居都市的人们难得享受到的景象。正因为这片美景，人们才能够继续在严苛的现实环境中乐此不疲。

SITE
08

坐南朝北的
住宅优势

What is a merit on a condition of
a north side facing a road?

日本人一直以来都相信住宅坐北朝南是最好的，南面紧邻道路的地块始终较受青睐，因此价格也偏高。相反的，朝北的地块则人气低迷，但是价格实惠，可以便宜入手。不过事实上，北面紧邻道路的土地由于高度限制较为宽松，建筑设计的空间可能性更为宽广，就整体而言，其实是非常实惠的选择。

另外，很多人也不知道，由于日照直射南侧，北侧的景色反而可能比南侧更柔美。加上散射光的效果，坐南朝北还可防止阳光直射，连大型的落地窗都可以不安装窗帘。如遇道路限制，还可以做斜面屋顶并安装天窗，享受二十四小时的全日照自然光线也不在话下，是画室和书房的最佳选择。以低价买下一块坐南朝北的土地，除了可以为房屋建设省下一笔费用外，设计上的空间可塑性反而更高。抛弃固有概念，北侧的地块也是可以纳入考虑范畴的。

享受持续的太阳散射光

POINT 1
面朝北的建筑高度限制一般较为宽松、无需退让限高是坐南朝北的基地最大的优势。

POINT 2
朝北的窗户整天都能享受到散射自然光，室内随时充满了柔和的光线。由于并非阳光直射，连窗帘也能省去不装。

7

URBAN

都市生活的居心地

01 都市住宅
的 60 年

60 years of urban houses

虽然市中心的住宅往往面积狭小，然而对于都市生活的向往始终存在。无论哪个时代，总有一群都市住宅的忠实簇拥者。日本建筑史上，兴建于1950年代的"立体最小限住宅"（池边阳设计）和"最小限住宅"（增泽洵设计）是日本工业化时期的集体住居梦想；而1960年代的"塔之家"（东孝光设计）和1970年代的"住吉的长屋"（安藤忠雄设计），则代表着日本人对于都市生活的新领悟。随后，新生代的设计师又掀起了一场都市住宅风潮，直到2000年以后，才逐渐确立了追求舒适的都市生活基调。至于当下的都市住宅，则已经发展成为租赁和店面两用的SOHO型和分租公寓的复合型设计。

随着时代的推进，都市住宅不断出现新的诠释或定义，逐渐从追求单纯的生活实用性，扩展为依靠收租增加资产的经济结构，如今还包括可变式和防止天灾人祸的安全性设计。建筑和室内设计的发展俨然是时代潮流变化的一面镜子。

选择在都市中居住

摄影：APOLLO

POINT 1
用清水混凝土和木制格栅打造出的纯粹风格立面设计。把住宅设计成城市资产的一部分，并且历久而弥新，才是都市住宅的真正使命。

摄影：APOLLO

POINT 2
都市住宅的基地面积往往受到限制，必须充分发挥设计的创造性，才可能确保最终的舒适性。

租住合一的
生活方式

POINT 1
光线从面对道路的大型窗口
射入室内的同时，人们还可
以透过窗户欣赏美丽的街景。

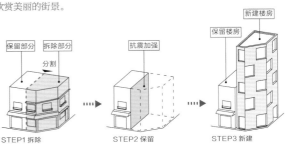

保留部分 **拆除部分**
分割
STEP1 拆除
将位于市中心转角位置的老
旧二层建筑的边缘拆除。

抗震加强
STEP2 保留
为保留的部分建筑增强
抗震性能。

新建楼房
保留楼房
STEP3 新建
保留下来的楼房和新建的
楼房共存，形成新的街区
地标。

POINT 2
利用具有个性化外观的店面收取租金，收益能让
人有更高品质的生活。棋盘式的立面设计，纯粹
的形式能提高店面租赁的附加值。

都市住宅的
灵活应变

POINT 1
房间和房间之间不用固
定的隔墙，而是利用挑
高式设计，营造出一处
双层空间，同时可以随
着生活的改变，做适度
的调整。

POINT 2
利用大型落地窗和白色外墙的对比，不做其他特殊设计也能自
然形成一个单纯、个性化的立面，室外的景观也变成室内布置
的一部分。

02 住宅设计的原点
量身定做

A human-scale as origin of living

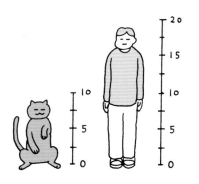

如同量体裁衣一样，住宅也必须根据居住者的尺度量身定做，才能设计出真正住得舒服的住宅。住宅设计不断在探索的，说穿了也不过就是人与物、人与自然之间最合适的关系和距离。而舒服与否的标准，则会因人、因各种不同的条件而有所差异。

建筑大师柯布西耶所倡导的"人体尺度"，就是指以人体的尺寸作为创作的基准，换句话说，人就好比一把度量用的标准尺。不过由于这个尺寸会因国籍、种族而异，因此绝不可以照搬照抄，而必须因地、因人制宜，进行适度的调整。这种尺寸和距离的舒适度，每一个家庭都不尽相同，也正因此，"量身定做"正是追求舒适住宅的最高境界。总之，观察人与物、人与自然的尺寸，经过对比找出的"人体尺度"，乃是住宅设计的原点，也只有量体式地为人建屋，才能让住宅设计不断进步。可以说，只要能够充分掌握人与物、人与自然的关系和距离，就能设计出真正适合人们居住的空间。

POINT 1
降低餐厅天花板的高度，可以营造用餐时的亲切感，拉近与家人之间的距离。用空间的尺度影响居住者的生活状态和心理，正是住宅设计追求的目标。

探索人与空间
最舒适的关系

POINT 2
面朝露台的房间，利用挑高设计让空间显得更具设计性，也营造出更为宽敞、开放的客厅。倾斜的天花板为LDK空间增添了层次感和高低错落的秩序感。

感受光影的变化

POINT 1
控制自然光线的射入，同时压低天花板的高度，在这间不到10m²的起居室里，通过对尺寸的拿捏，打造出一处适合沉思冥想的空间。

POINT 2
在窗明几净的开放式空间中设置起居室，通透的视野为整体空间带来无限想象。配合自然光线的明暗变化，居住者自然会寻找当下最舒适的角落。

大小空间的对比

POINT 1
空间较小的卧室，既具备应有的功能，也容易制造安定的气氛。在客厅和卧室之间创造一种若即若离的关系，为空间营造出恰到好处的关联性。

POINT 2
面朝屋外露台的全开放式LDK。宽敞的空间搭配挑高设计和落地窗，与卧室形成对比，更突显出公共空间和私密空间各自的特性。

03 化局限为创意的好住宅

To change a restriction into a design

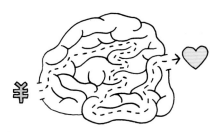

设计都市住宅时，往往会伴随着许多来自各方面的限制，比如住户的预算、家庭状况以及基地的法规限制等。不过，也正是因为这些各种各样的限制，才会诞生多种多样的创意。换句话说，限制正是创意诞生的必要条件。

在有限制的情况下，例如有限的预算的前提下，设计师会先为住户安排出优先级，层层甄选，最终设计出一栋没有"赘肉"的住宅，设计上更为利落朴实。有了法规方面的限制，才会让设计师去尝试更多利用空间的方式，创造出井然有序的居住空间。

面对各种限制，消极的态度只会创造出"受局限的空间"，而积极的态度则是试图去超越、改善和突破，设计出来的住宅自然也会别出心裁，更具有说服力，这才是所谓的"好设计"。

将高度限制转化为个性设计

POINT 1
因为高度受到限制而就势设计出向后倾斜的外观。积极地迎接挑战，将外在的限制和条件转化成创意，才能设计出别具个性的空间。

POINT 2
把向后倾斜的顶楼外墙设计成天窗，直接导入自然光线和室外的风景。让居住者享受到随着时间变化产生的光影，如此具有生命力的舒适空间，正是都市住宅设计的精髓所在。

旧房装修要尊重空间的特性

平面图　S=1：300

POINT 1

住宅的中心位置是钢筋混凝土结构墙，在保留墙体的基础上定制家具，让空间更加印象深刻。把握建筑本身的结构，最大限度地突显出空间的特性是翻新装修的关键。

POINT 2

加深了窗户的深度，突出空间厚重感的同时与明快的开窗形成了对比，在极具张力的黑白空间里，营造出利落的光影变化。

用最少的花费
实现最好的设计

POINT 1

外观是单纯的箱型设计，把主要的花费集中在正立面的大型窗户和外墙的特殊涂料上，塑造出特殊的形象。

POINT 2

全部采用柳桉木，把成本降到最低。减少购置家具的费用，在装修的同时安设定制家具可以大大节省工程开销。

04 不浪费空间的
"减重"设计

A design to rid
extra pound of a building

在地狭人稠、有严格高度限制的都市住宅区，如何尽可能地让地板、墙壁和天花板变得更薄，是结构设计的重要任务。要达成这项任务，还需要设计意匠的配合。譬如建筑材料如何选择才能达到不浪费空间的目的。少了这种设计，建筑物可能会显得相当臃肿，处处像赘肉一样多余，看不到轻巧和精致之美。"减重"设计，不但可以创造出合理的美感，也能让空间看起来像健美选手般结实和精干。当然，剔除赘肉也等于节省开销，这是一石二鸟的做法。

经过提炼的结构设计能够使空间更加井然有序、舒适实用，称得上是普通住宅的升级版。不过，都市里的住宅因为情势所逼，"减肥"势在必行，所以大多数都是"燕瘦"之美。至于都市以外的地区，倘若忽视了"减重"设计的重要性，恐怕也很难在生活中体会到精练的结构设计。

混合式结构造就极致之美

POINT 1
为了在五角形的空间里实现无柱设计，采用了微微倾斜的斜面屋顶。由于省却了多余的梁柱，排列紧密的小屋梁显得条理分明，整个空间细致而整齐。

POINT 2
完美的设计除了必须顾及所有的可能，还需要反复推敲、改进。设计师用木梁取代钢梁，并且把木梁做成夹心状的混合式结构，实现了这个明快的创意。

05 突出基地的特性

To emphasize a feature of a site

基地的形状形形色色，有的呈长条形，有的呈三角形甚至是多边形，不是每一块基地的形状都方方正正。不过也正因为基地本身有其形状和特色，设计师才需要去充分了解基地的特性，进而将这个特性发挥到极致。

比如"鳗鱼睡床"这类细长形的连排式住宅，与其定睛在它狭窄的正面，倒不如把设计重心放在进深较长的室内空间上，更容易塑造出建筑本身的特色。要在室内的深度上做文章，就可以采用挑高设计，增设中庭，疏解正面给人的局限或压迫感。

利用斜度较为和缓的楼梯、大片横向的细框窗，也可以突显空间的水平特性，营造出连续而延伸的感觉。在挑高设计的空间里，还可以大胆采用有造型感的照明灯饰，突显空间本身垂直的高度。而高低差突出、位处斜坡上的基地，则可以充分利用错层或阁楼结合基地的特性，让居住者能随时感受到自己所在位置的与众不同。

利用基地本身的特色进行设计

POINT 1
建设一栋建筑，其实就是把基地的特色立体可视化。譬如位于山崖上的住宅，重点一定是如何把四周所见的美景引入居住者的生活之中，带给居住者对于未来的生活畅想。寻找最佳的视野及角度，在最好的位置上开设景观窗，呈现出一幢视野绝佳的景观住宅。

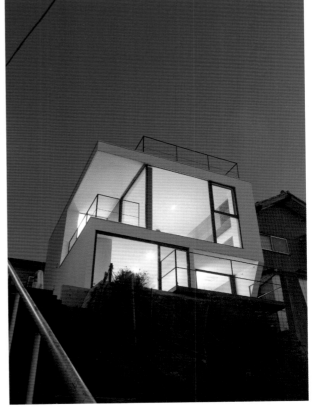

POINT 2
现场勘测是了解基地四周的风景、配套设施、气流、光照等土地特性的最好方式。用身体直接去感受基地是设计工作的第一步。

06 为住宅空间设计序列

To design a sequence

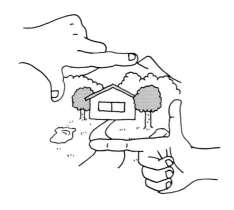

在居住者的身体移动、回眸往返中，空间会产生出许多不同的样貌。这些移动中连续不断的景观就是我们所谓的"空间序列"。序列的安排越丰富，空间也会给人更丰富的想象。因此，在进行空间设计时，对于空间序列的筹划和编排是必要的。如何编排层次、营造丰富的故事性正是空间设计的首要任务。

比如："由室外一踏进玄关会看到什么？""走上楼梯之后眼前会出现怎样的景致？"设计师必须凭借想象在脑海中的场景里亲身走过。经过多次推敲，才能将脑海中的想象付诸现实。这也是为什么设计师必须频繁前往基地现场的原因，因为他必须反复确认自己脑海里所想象的序列。住宅是居住者每天生活的地方，这要求我们必须做出一套完整的、全方位的规划，以便让美好的家深深留在居住者的记忆里，凝固为永恒。

每一处景致都值得玩味

POINT 1

上楼梯时可以观赏右侧大落地窗外的风景；坐在餐厅时又能够感受到天井洒下来的光线；走进吊顶低矮的客厅，视线被引向百叶窗后的中庭风光……在同一个空间里，眼前不断转换景致，这就是所谓的空间序列。景致越丰富，空间给人的印象一定越深刻。

POINT 2

行人路过这栋住宅时，会感受到住宅正面和侧面完全不同的景象。与室内空间设计一样，外观上具有序列效果的住宅才称得上是真正的"建筑"。

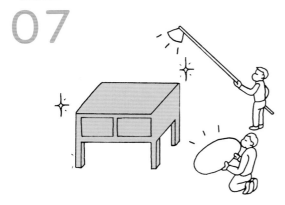

URBAN

07

定制家具与照明
的不凡效果

An effect of order-made
furniture and illuminations

一般的室内装修是在设计完成之后购置成品家具，从这个意义上讲，定制家具毋宁说是建筑设计的一部分。由于是配合空间特别量身定做，建筑设计和定制家具就像是不可分割的整体。尤其是都市住宅，说它是由定制家具组合而成的一点也不为过。因此，我们必须从空间的角度看待定制家具，而非单纯视之为家具。

假如我们把一整面墙全部设计成定制家具，整体空间的视觉效果也会有极大的影响，搭配合适的材料、颜色及灯光照明，定制家具就能为室内带来完全不同的感受。不过提到照明设计，间接照明仍是最好的选择。因为间接照明可以利用定制家具的深度和长度，突显出连续性和轻盈感，为空间营造出巧妙的对比。有时甚至可以让定制家具成为空间的主体。不管怎样，最重要的还是需要与定制家具的设计师密切配合，进而打造出空间的平衡。因此，在设计之初，就应该确保定制家具的预算，以免被迫中途叫停。

营造空间的感染力

POINT 1
为了让墙面收纳看起来更为轻盈，在墙面收纳的上下方各留出了200mm的空隙，用以装设间接照明，让整座墙面显得更有立体感。由于间接照明也具有相当程度的亮度，设计时必须留意其和基础照明之间的搭配。

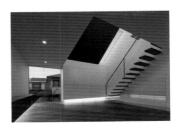

POINT 2
在墙面收纳类的定制家具上方设置间接照明，既可以提升空间的柔和度，也能够提高空间的感染力。怎样配合不同用途选择合适的光色和亮度是设计的重点。搭配天窗的光影变化，营造出空间的良好气氛。

08 为空间创造
节奏感

A rhythm to be produced in space

从高度较低的空间走进高度较高的空间时，即便没有设置地面高低差，也会立刻感到豁然开朗。这样的变化正是因为天花板高度的改变而为空间带来的无形节奏感。另外，从狭小的空间走向宽敞的空间，或者由阴暗的房间走向明亮的房间，人的情绪同样会出现相当明显的变化。人们在开心的时候，会本能地趋向明亮、宽敞的空间，而情绪低落或想要独处的时候，则自然会选择待在幽暗、狭小的空间里。这种空间设计所制造出来的节奏感，我们可以选择比较缓和的方式，也可以采用相对激进的方式。通过缓与急的控制，即可为空间创造出独特的韵律，避免单调乏味。进入具有节奏感的空间，不需任何语言提醒，人们就会自然接收到舒适、轻快的信息。充满跃动的空间能够激发人积极向上的态度，因此也特别适合用在住宅中。

总之，空间相当于一种调节人类心理节奏的装置，需要认真琢磨适宜的设计方式。

利用错层制造空间的韵律

POINT 1
轻快连接各个楼层的镂空式楼梯。利用空间的层次，可以轻松营造独特的韵律。

POINT 2
错层设计产生的高低差可以不动声色地在空间中营造出不同的节奏感。向上或向下的空间序列感正是错层住宅最大的优点。

挑高空间
带来的节奏感

POINT 1
把餐厅的高度设计成低于客厅天花板的高度，以提高餐厨空间的亲和性。同时，带有挑高的客厅也给人以动态印象，为整个空间营造出一连串细微的对比。

POINT 2
倾斜的天花板比一般的平面天花板更能突显空间的宽敞。利用落地窗和天窗射入的光线为天花板带来明暗层次，也制造出挑高的错觉。

用色彩的变化营造韵律感

POINT
把餐厅的天花板涂成亮黑色，地板同样铺设亮黑色的瓷砖，以强调白色客厅的挑高。利用加高的地板、天花板的高低落差及色彩的变化，为空间创造出独到的韵律感。

制造空间的
焦点
To set a focal point

每一个空间都可以有几处令人惊艳、忍不住驻足的角落。这些角落虽然只是整体空间的一部分，不过大多都是设计师苦心经营后的安排。这类能够吸引目光的位置，我们称之为"焦点"，精心设计和安排之后，焦点会为空间增添不少魅力，提升空间的品位和质感。

例如，在空间中央设计一处堪比装置艺术的旋转楼梯，不仅是供居住者上下楼的通道，更是让人印象深刻的空间象征物。又比如一条细长的走道，在尽头设置一面落地窗，外头的美景自然引人入胜。这样一面能够集中人们视线的窗户，其实也是设计师刻意安排的焦点。制造焦点是住宅设计的基本任务之一，它能够让居住者甫一入住就立刻感受到新家的美好和舒适。

走廊尽头成为视线的汇集中心

POINT 1
由于屋檐的遮蔽，玄关往往较缺乏光照，于是设计师在收纳柜下方设置了一组间接照明，从细窄的高窗导入光线也给玄关造成了一种明暗对比，营造出吸引目光的焦点。

POINT 2
居住者和访客来往最多的玄关最容易形成视线的交会，因此在玄关制造焦点的效果特别好。利用间接照明、适当的选材和选色以及镜子的反射效果等，将玄关打造成如画般的角落。

利用户外的光线和景色

POINT 1
利用细框门窗将人的视线吸引到清晰可见的户外，再利用室外的风景制造出空间焦点，很好地加深了室内的纵深感。

POINT 2
打开玄关门，室外的绿意即刻映入眼帘，在家就能享受到自然之美。设计将玄关门两侧的墙壁改成细框窗，充分导入的自然光线成功制造了焦点角落。

将独特的形状转变成空间特性

POINT 1
建筑本身是倾斜的屋顶，索性设计成整面不规则形状的开窗，创造出极为特殊的外观。

POINT 2
光线从特殊的三角形天窗引入，照亮了倾斜的天花板。北侧因为斜线限制而退让形成的三角形外墙在这里可以发挥借景作用，巧妙制造出与众不同的视觉焦点。

10

享受阳光
玩味阴影

To make darkness considering a light

怎样能更好地将户外的自然光线引入室内向来是都市住宅设计的一大议题。由于自然光线会因为基地所在的位置以及周围的环境而有所不同，因此设计师在设计开始之前，必须先对当地的光照条件足够了解才行。是否能够把户外的自然光线充分导入室内对整个设计有着关键性的影响，因此，如何善用光这个素材也成了设计时的一大重点。

比如我们可以利用天窗，导入北侧的散射光，而南侧直射的太阳光就可以加设雨遮阻挡。处理的手法需要根据方位而定，同时还必须充分了解反射、折射、干扰等光线特性，决定开窗的最合适位置。此外，还必须留意光线的质量，比如哪里适合朦胧的亮度，哪里需要比较鲜明的亮度。光线本身会因为季节和时间产生不同的变化，因此只要采取合适的处理手法，就能让居住者在日常生活中感受到四季光线的异动。而所谓采光，也可以说就是"采影"，因为光亮与阴影本来就是一体两面。换句话说，如何创造高质量的阴影，也是住宅设计的追求。

自然光的不同形态

POINT 1

通常，来自天窗的自然光线都会带来折射效果，天花板上会产生明暗对比，但是设计师却刻意把天花板涂成黑色，减少了折射光，目的是以此突显细窄的天窗射入的自然光的线条之美。

POINT 2

这个北侧天窗射入的扩散光和强烈的直射光为空间增添了明暗的变化。都市住宅的设计不仅要留意自然光线的导入，更重要的是如何见好就收，适度保留阴影面，以便让光线随着时间变化而反映出不同的效果，让空间产生戏剧性的表情变化。

11 流畅而不间断的生活空间

A living like seamless

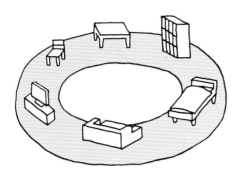

都市住宅应当尽量做到避免分割，让空间连续、一气呵成，同时还要确保居住者起居的隐私性。要达成这个目标，最有效的方法就是采用可变动式隔断，让居住者能配合个人的需要随时收合，灵活改变空间的格局，以避免单调、封闭的状况。

在连续的空间里，居住者除了可以享受到空间的开敞性，还可以最小限度地控制走廊面积。走廊设计成过渡空间，会比采用墙壁间隔更让居住者放松，少了一点封闭空间所带来的压力感。另外，都市住宅设计的另一个任务，就是创造更具弹性的空间，而用连续的家具和可变动式隔断，正好可以达成这个目标。比如可以配合家人年龄的增长或生活方式的改变，适时更改室内的格局，让居住者的生活不受限。连续空间的设计概念所打造的舒适空间，特别适合于喜欢求新求变，或是需要同住一个屋檐下的家庭或族群。

连续空间的乐趣

POINT
尽管连续式的大型住宅是都市生活可遇而不可求的极致享受，不过如果能在一般的住宅中配合实际需要，随时变更格局，就能够为空间创造出更多的可能。

12 妙趣横生的
楼梯空间

Steps to enjoy vertical living

相对于大多数公寓"水平移动"的特点，都市住宅往往是"垂直移动"的。迫于有限的基地面积，都市住宅不得不"向上"发展，因而形成了必须和楼梯朝夕相处的纵向生活节奏。然而，由于楼梯的垂直移动距离较大，上下两层楼之间的关联很容易缺失。因此，如何让空间继续保持连续性，让居住者享受到垂直生活的乐趣，就是都市住宅设计的另一个重点。

降低楼梯的斜度是一种方法，可以让空间显得较平缓，或者在楼梯的中段设置类似于错层的间歇平台，让楼梯的存在感弱化，制造出上下空间的连续性。另外也可以加大踏板的深度、缩小挡板的高度，让居住者可以随地就坐的楼梯空间很有安全感，让人更向往。注意营造居住者的垂直视线，努力把楼梯的魅力发挥到极致，正是都市住宅设计的绝妙之处。因此，设计师应当积极把控室内上下移动的实际感受，让居住者真正享受到垂直生活的乐趣。

享受纵向移动的生活乐趣

POINT 1
楼梯一侧墙面的收纳区展示着屋主个人收藏的书籍、CD，让楼梯变成一处随时可以坐下来阅读的空间，而不再单纯只是上下楼的通道。享受垂直连续的楼梯或天井，乃是都市住宅不可多得的乐趣。

POINT 2
楼梯的间歇平台像一座小桥一样，上下空间自然连通在一起。完全开放、没有墙壁阻隔的天井设计，可以让人在走过时享受室内宽敞的视野。

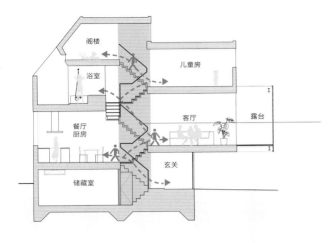

剖面图 S=1：200

错层设计连通整个空间

POINT 1

让居住者几乎意识不到楼梯的存在，并感受到上下的乐趣，这样的空间才称得上是成功的错层设计，相当于把每一层的平台都变成了小房间。

POINT 2

将错层连起来，让居住者得以在上下楼梯时体验到各种视野。即便是一段短短的楼梯，也能产生特殊的律动，避免平日爬楼梯时可能产生的单调乏味。

POINT 3

悬挑式露台用木作格栅来装饰，形成有特色的立面。都市住宅设计的任务之一，就是要创作出让人充满想象力的空间。

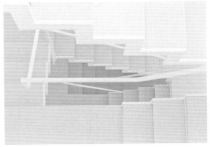

POINT 4

省略了楼梯扶手的支柱，瘦身后的设计让梯身一路连贯，为整座楼梯打造出轻盈、漂浮的印象。

13 追求住宅的
完美比例

To stick to a proportion

在寸土寸金的土地上，住宅与高楼大厦鳞次栉比，街巷挤满了大大小小不同形式的建筑物，而这正是典型的都市街景，呈现出一种"混沌"状态。在这样难以驾驭的街区里，所谓的景观规划，充其量也仅限于建筑物的外观控制，谈不上真正的整合。

设计师能够做的主要就是通过对外观比例（黄金比例或白金比例等）的控制，让住宅变得小而精致，借由一个个住宅的发光点，串联成线，再形成面。为求内部空间的美观，也少不了比例和尺寸的把握。从深、宽、高到家具的比例乃至格栅的间距，设计师必须清楚掌握每一处细节的关联。只要掌握住每一处的尺寸和比例，空间中就不会有视线的障碍，空间形象也会正确无误。每一位设计师的努力目标，也不过就是为了让居住环境更加赏心悦目。

建筑外观的完美体型

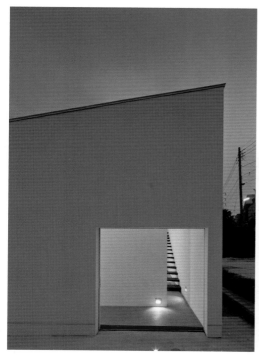

POINT 1

设置了大型推拉门的正门，和单向倾斜的屋顶搭配在一起。设计师减缓了屋顶的斜度，并稍微加宽了入口，达到了整体的平衡之美。

POINT 2

外观由L形的立面和清水混凝土组合而成，形式极为简洁。向外推出的L形部分给人轻巧的印象，也为正面营造出了立体感。

POINT 3

正面的玻璃幕墙采用方正的形式，窗框和墙角平齐。尺寸比例的拿捏和细部的处理是立面设计的关键。

协调空间的比例

POINT 1

龙骨梯由钢骨架外包原木板，木板上厚下薄，不同的厚度及特殊的接缝突显出梯身独树一格的形象。

POINT 2

为了强调挑高，电视柜设计成较低的造型，打造出刻意的对比。电视柜不直接接触地板，突显出柜体的轻盈感。

连续的构件表现秩序

POINT

由钢筋和木材所组成的大型屋顶，与墙面收纳、推拉门一气呵成。为了搭配多边形屋顶而特别把餐桌设计成三角形，也让整体空间流露出完美的一致性。

14 限定素材
创造更好效果

To limit materials

空间的印象取决于素材的组合。尤其是都市住宅这类面积较小的空间，很容易带给人素材过多、复杂紊乱的感觉，因此设计时应该尽量限制素材的种类。换句话说，创造素材少却内涵丰富的空间，也是都市住宅的努力方向。

使用有限的素材所创造出来的对比或组合效果，一般来说会看起来更舒适。加上空间不大，更容易突显出素材本身的味道，也更容易把居住者的目光焦点放在细节上。这就好比日本料理中的豆腐，要想做出豆腐本身的美味，必须从选择最合适的原料、维持豆腐原本单纯的形状入手，而不是极力地添油加醋。

当然，限制素材还有另一个好处，就是可以降低费用，一举两得。建议平时不妨多花点时间，总结一下哪些素材是绝对少不了的，而哪些又是可有可无的。去芜存菁，自然就能够严选出最适合都市住宅的素材。

以最少的素材创造最好的效果

POINT 1

简约手法设计的钢筋混凝土龙骨梯带有轻巧的印象。而墙壁和天花板也选用了相同的素材，既为空间创造出一体感和连续性，也大大节省了材料上的花费。

POINT 2

正面设计的横向开窗与厚重外观相得益彰，其实只是利用清水混凝土墙本身的质感和比例匀称的铝合金门窗两种材料而已。

限定素材塑造出空间调性

POINT 2
黑色木作格栅和纯白外墙是最好的搭配。

POINT 3
玄关收纳柜、室内配件、楼梯踏板等全部采用胡桃木，塑造出空间统一的调性。

POINT 1
二楼客厅的定制收纳柜和厨房的板材与一楼完全一致，借此营造出住宅的整体感。

素材的对比效果

POINT 1
相对于一楼用玻璃和混凝土形成的厚重印象，二楼的外墙采用了加州红木。通过不同素材本身的对比营造出特殊的张力。

POINT 2
一楼内部是清水混凝土，二楼则改用原木板材，制造出柔软的印象。二楼的独立空间完全采用单一素材，既可以创造空间的整体感，也能让空间的体积看起来更大。厨房料理台的台面和油烟机外层则统一采用白木材质，给人感觉整个空间尽在掌握中。

15 活用大开间式设计

To utilize one-room

都市住宅的空间原本就有限，想从中挤出一点多余的面积何其困难。于是，现代住宅的设计概念，已经不再是把用途不同的空间整合在一起的 n 个 LDK 式设计手法，而是尽量把一个空间设计成本身就具有多种用途，以提高空间的使用效率，即所谓的大开间设计。通过这种多用途设计，空间会变得更有深度，而且会自然产生出让居住者共聚一堂的凝聚力。在现代都市里，我们已经鲜少看到一家人齐聚客厅看电视的光景，如今的家庭多半是聚在一起也各做各的事。现代都市需要的，是类似个人计算机这种一台机器功能俱全的设计。如果说"都市"就是追求效率和无距离化两种概念的集合体，那么这种具有多功能、多目的的大开间设计也是必然的产物。

享受和家人没有距离的生活

POINT
大开间设计所追求的是家中所有成员都能共聚一堂、共同使用，而不是限定空间原有的功能。创造多用途的舒适空间，正是时下大开间设计最大的魅力。

URBAN

16 懂得享受的
小房子

Since it is small, it can do

都市住宅绝不适合一提到"小"就怨声载道的居住者。有成熟的个人生活形态，对人生怀抱有豁达的态度，或者本身就对小型空间带有好感，懂得小空间的好处的居住者才真正适合都市住宅。

都市住宅其实本身就包含了对"小"的可能性的探索。一方面可能是居住者本身东西不多，不需要大型的收纳或仓库，另一方面是他们认为好友相聚，约在附近的餐厅、饭店一样可以宾主尽欢，而未必非要在家会客。

至于生活的形态，由于位处市区，有着便利的城市运输系统，交通绝对不成问题，因此尤其适合老人居住。

这样舒适而精致的小空间，与其说它是"家"，毋宁说它更像个"壳"。它的小而美，正好和以茶道文化著称的日本精神不谋而合。对于追求精致生活的居住者来说，他们能在都市住宅里体悟到大房子无法体会到的宇宙观和生命观，也真心懂得享受小而美的乐趣。

轻松享受都市生活的小而精

POINT 2
小住宅的设计需要结合居住者和建筑师双方的热情，即使基地再小，也能够打造出魅力十足的住宅。唯有这样的建筑，居住者才会真心愿意去经营、享受居住其中的乐趣。

POINT 1
在密集的都市住宅区，尽管地小人稠，但却照样能建造出令人满意的住宅。坚守个人的生活态度，泰然处之，才能够享受到都市生活的可爱之处。

小即是美

Small is beautiful

回顾日本都市的发展，你一定会为它惊人的进步和成长速度叹为观止，在这一过程中的成就是斐然的，不过也牺牲了一些单纯生活时代的美好。如今，高速成长的时代已经过去，在人口增长逐渐趋缓的背景下，全球都市都会把"小"作为发展的关键。就现代人来说，如何从生活中重新找回真正的幸福，也将是所有人必须面对的共同课题。

在这样的时代背景下，积极看待法规和环境限制，由设计师所精心打造的小型住宅俨然变成了我们生活中无可取代的宝藏。从中可以清楚看到居住者和设计师的匠心及想象力，有限的土地和空间也就有了更多的可能。或许因为现在的社会对于未来已经失去了过去那样伟大的憧憬，我们反而转过头来追求生活中原本理所当然或微不足道的小细节。然而，珍视这些生活中的琐碎细节和领悟正是本真生活的基础，也是日本人自古以来审美观念的根源。

后记

从事住宅设计工作15年来，我经常想起许多客户在满心期待的新房总算完工的那一刻，脱口而出的一句话："真希望能再盖一栋"！他们对于整个建造过程的喜悦，显然已经胜过当初为了购买土地、打算建立一个家时所付出的辛苦奔走。我想这些住户肯定也已经品尝到从无到有的激动，才会有这种希望再度经历、体会的念头。

不用说，我也是对住宅设计成痴的人，经手设计的房屋已经超过100所。我从没有感觉厌倦，如今仍旧保持着精进之心，好奇心始终未减。我无意孤芳自赏，很愿意和更多乐于享受住宅设计的人分享我的快乐，于是便结集成了这本书。读者不妨从个人偏好的主题开始，细细咀嚼，轻松享用。

和我的前一本著作《新住宅设计教科书》一样，本书仍由X-Knowledge出版社的三轮浩之先生负责编辑，对此由衷感谢。我还要借此感谢给我提供多方建议的作家加藤纯先生，以及为本书创作轻快幽默的插画，突显住宅设计之乐的设计师：Surmometer设计公司的山城由小姐和小寺练先生。另外，如果少了APOLLO设计团队的力挺，我想这本书也是不可能完成的。

最后，由衷感激所有出现在这本书中的住户，以及协助我设计每一栋住宅的同事朋友。

2014年10月24日
建筑师 黑崎 敏

图书在版编目（CIP）数据

住宅设计终极解剖书：日本建筑师的居住智慧/
（日）黑崎 敏著；钱威译. —北京：化学工业出版
社，2018.5（2023.3重印）
ISBN 978-7-122-31780-3

Ⅰ.①住… Ⅱ.①黑… ②钱… Ⅲ.①住宅-建筑
设计 Ⅳ.①TU241

中国版本图书馆CIP数据核字（2018）第053083号

北京市版权局著作权合同登记号：01-2016-5172

责任编辑：孙梅戈　　　　　　　　　　　装帧设计：龙腾佳艺　王晓宇
责任校对：边　涛

出版发行：化学工业出版社（北京市东城区青年湖南街13号　邮政编码100011）
印　　装：中煤（北京）印务有限公司
787mm×1092mm　1/16　印张13　字数300千字　2023年3月北京第1版第7次印刷

购书咨询：010-64518888　售后服务：010-64518899
网　　址：http://www.cip.com.cn
凡购买本书，如有缺损质量问题，本社销售中心负责调换。

定　　价：79.00元　　　　　　　　　　　　　　　版权所有　违者必究